DÉPARTEMENT DE LA GIRONDE — ENSEIGNEMENT AGRICOLE.
PROFESSEUR : M. AUG. PETIT-LAFITTE.

PRINCIPES ÉLÉMENTAIRES

DE BOTANIQUE

APPLIQUÉS

A L'AGRICULTURE DE LA RÉGION DU SUD-OUEST

et plus particulièrement

A CELLE DU DÉPARTEMENT DE LA GIRONDE,

AVEC PLANCHES

« Désirer de faire de grands progrès
» dans l'agriculture générale....., sans être
» au moins un peu botaniste, c'est refuser
» de s'éclairer de la lumière d'un flam-
» beau, et se résoudre à marcher à tâtons
» dans les ténèbres. »

(Abbé Rozier)

BORDEAUX

CHEZ CODERC ET DEGRÉTEAU

(Maison LAFARGUE)

Rue du Pas Saint-Georges, 28

1871

Voici les titres des autre petits Traités du genre de celui-ci, publiés antérieurement.

1864. — *Notions de zoologie rurale*, 187 pages, et figures.

1866. — *Instruction simplifiée pour l'appréciation et l'emploi des fourrages*, 98 pages, et figures.

1867. — *Les lois naturelles de la végétation utile dans le département de la Gironde*, 108 pages, et planches.

1869. — *Appréciation et procédés divers à l'usage de l'agriculture*, 126 pages.

1871. — *La terre arable*, 228 pages, planches et figures.

La vigne dans le Bordelais, 692 pages et 75 figures, — Chez J. Rotschild, éditeur à Paris.

AVANT-PROPOS

La botanique est la science qui s'occupe des plantes. Or, cette science admet des divisions assez nombreuses, selon que cette occupation a pour objet : ou la connaissance absolue des plantes ; ou leur connaissance relative, c'est-à-dire celle que peuvent motiver leurs emplois divers, les moyens, les conditions de ces emplois. Dans le premier cas, c'est la *botanique proprement dite*, dans le second, c'est la *botanique appliquée*.

Sources principales de l'alimentation des hommes et des animaux, remèdes puissants pour la plupart de leurs maux, il n'est pas difficile d'admettre que la première attention accordée aux plantes, les premières études dont elles ont pu devenir l'objet, ont dû être motivées par ces genres d'emplois, par ces applications capitales. Telle fut évidemment la raison qui, dès la plus haute antiquité, porta le grand roi Salomon à s'en occuper, conformément à cette mention de l'Écriture sainte : « Il a aussi parlé des arbres, depuis le Cèdre, qui est au Liban, jusqu'à l'Hysope qui sort de la muraille (1). »

Tel fut encore, au point de vue spécialement médical, la personnalité mythologique du centaure Chiron : tellement versé dans la connaissance des simples, que les malades allaient en foule le consulter sur les montagnes d'où il n'avait jamais voulu s'éloigner et qu'il devint le premier maître de celui que l'on considéra plus tard comme dieu de la médecine, Esculape.

Ainsi, l'étude des plantes ne pouvait manquer de s'imposer aux hommes d'abord pour leurs emplois, leurs applications les plus utiles : les nécessités de l'existence, le désir d'éloigner de celle-ci les maux sans nombre auxquelles elle est sujette. Cette étude devait donner lieu à ce que nous nommons encore la *botanique agricole* et la *botanique médicale*.

On sait depuis longtemps combien sont grands les services rendus à l'humanité par la botanique médicale ; combien sont nombreux et importants les travaux auxquels elle a donné lieu. A l'égard de la botanique agricole, des faits analogues existent aussi, mais la nature particulière de l'art qu'ils intéressent est telle que le bien produit,

---

(1) IIIᵉ *Livre des Rois*, ch. iv, § 83.

par ce genre d'application, aurait pu être et plus étendu et plus fécond qu'il ne l'a été en réalité. « De tous les arts, l'agriculture est certainement celui qui a le plus à gagner par le secours des sciences positives, et c'est ce dont la plupart de ceux qui s'y livrent ne se doutent même pas (1). »

C'est ainsi effectivement que sont restées si longtemps sans applications celles de ces sciences auxquelles nous devons principalement les progrès réalisés de nos jours par l'agriculture : la géologie, la chimie, la mécanique, la météorologie, la botanique, etc....

Si la base première de toute culture est la terre ; si les conditions de cette culture dépendent principalement des phénomènes réguliers et irréguliers dont l'atmosphère est le centre, on doit reconnaître aussi que c'est au moyen des plantes en général auxquelles elle donne ses soins, en les multipliant, en les perfectionnant, que sont dus les produits qu'elle réalise : produits indispensables à l'existence des hommes. Ainsi, on comprendra combien peut l'intéresser, combien peut réagir, sur la nature et la va-

---

(1) M. de Mirbel, article *Botanique* du *Cours complet d'agriculture*. 1839.

leur de ces produits, la connaissance plus ou moins complète, plus ou moins exacte des plantes.

Or, cette connaissance, toujours précieuse, mais de nos jours tout-à-fait indispensable à l'agriculture, c'est la botanique qui peut la lui fournir. « Cette science, ainsi que le dit l'illustre Jussieu, qui approfondit la nature des végétaux, qui détermine le nombre, la texture, l'action réciproque, la situation, la figure et la différence de leurs organes... »

C'est la botanique qui peut lui faire connaître, autant que possible et autant qu'il en a besoin, la nature, l'organisation, les conditions d'existence des êtres dont il s'occupe. C'est en s'éclairant des lumières de cette science, tout à la fois si importante et si attrayante, qu'il peut espérer, en vue des résultats qu'il ambitionne, de leur donner des soins opportuns et profitables ; de favoriser, de développer complètement les tendances naturelles qui, déjà, les signalent à son attention, et sur lesquelles il lui est donné un tel pouvoir, que le gracieux traducteur en vers français des Géorgiques de Virgile, s'inspirant des sentiments de son modèle, a pu dire :

Mais l'art du laboureur peut tout après les Dieux !

Ainsi donc, parmi les sciences naturelles, la

botanique, sans contredit, est une de celles qui peuvent rendre à l'agriculture les plus nombreux et les plus grands services. Qu'il s'agisse du choix des plantes à cultiver, de leur reproduction et multiplication par graines, ou par des moyens artificiels, tels que la bouture, la marcotte, la greffe, etc...; qu'il s'agisse de leurs perfectionnements par la sélection, ou par l'emploi si curieux de l'hybridation; qu'il s'agisse d'agir sur le volume, sur la qualité de leurs fruits, par les opérations hardies de la taille; qu'il s'agisse d'introductions nouvelles, dans le catalogue agricole, de ces êtres si impressionnables aux influences du sol, du climat et du genre de traitement, dans tous ces cas et dans bien d'autres encore non moins importants, c'est à la botanique qu'il conviendra de recourir pour éclairer toutes ces pratiques, pour garantir leurs résultats utiles.

C'est la botanique particulièrement; c'est la connaissance des êtres dont s'occupe spécialement cette science et ses dépendances diverses qui peuvent assurer les tentatives de plus en plus hardies dont les plantes sont l'objet sous la main qui les cultive. » De même que Backewel (1) a cherché

____

(1) Célèbre éleveur anglais à qui l'on doit notamment la race des moutons à longue laine lisse, dite de *Dishley*. Son habileté était telle, en ces matières, qu'il était par-

à développer chez les animaux certaines parties aux dépens des autres, la graisse, la chair aux dépens des parties osseuses ; de même qu'il a produit des animaux monstrueux et qu'on pourrait appeler maladifs relativement à leur état de nature; de même que nous provoquons un développement anormal du foie chez les oies et les canards, de même aussi la culture a transformé les plantes et en a fait de nouveaux êtres (2). »

Après ces explications et ces autorités qui ne sauraient laisser aucun doute sur l'utilité, pour l'agriculture, des matières dont nous voulons nous occuper dans ce petit ouvrage, voici en peu de mots le plan que nous comptons suivre :

Successivement et progressivement, nous exposerons avec autant de clarté et de méthode qu'il nous sera possible, les principes fondamentaux de la botanique, organographie, physiologie végétale, etc..., et en même temps et comme conséquence de chacun des faits qui nous seront ainsi revélés, nous en ferons application à l'agriculture

---

venu à produire des bœufs sur lesquels, au détriment des autres parties moins estimées, il obtenait celles auxquelles les bouchers de Londres et les consommateurs attachaient le plus de prix.

(2) De Gasparin : *Cours d'Agric*, t. III, p. 391.

PRINCIPES ÉLÉMENTAIRES

DE BOTANIQUE

APPLIQUÉS A L'AGRICULTURE

INTRODUCTION

Au commencement du xviii° siècle, le célèbre naturaliste suédois Linné classait ainsi qu'il suit les produits sans nombre que nous offre la nature (1) :

Les minéraux croissent. (*Lapides crescunt.*)

Les végétaux croissent et vivent. (*Vegetabilia crescunt et vivunt.*)

Les animaux croissent, vivent et sentent. (*Animalia crescunt, vivunt et sentiunt.*)

---

(1) Charles Linné, né à Rœshult (Suède), le 23 Mai 1707. L'un des grands naturalistes du siècle dernier, professeur à l'Université d'Upsal, auteur d'un grand nombre d'ouvrages, et notamment du *Systema naturæ* (1735).

Relativement aux végétaux, ajoutons que cette production naturelle consiste en des êtres :

Organisés,

Irritables,

Se nourrissant,

Se développant,

Se reproduisant au moyen d'organes spéciaux.

Cette reproduction a pour point de départ la graine ;

La graine, dans laquelle se trouvent réunis et résumés :

1° Tous les organes fondamentaux que devra posséder le végétal, quand son développement sera complet ;

2° Toutes les substances qui devront nourrir le jeune sujet aux premiers moments de son existence.

Sans la graine, les différentes espèces végétales sorties de la main puissante du Créateur n'auraient pu se perpétuer et se maintenir sur la terre. Aussi, cette condition fut-elle prévue dès le commencement : « Dieu dit encore : Que la terre produise de » l'herbe verte qui porte de la *graine*, et des arbres » fruitiers qui portent du fruit, chacun selon son » espèce, et qui renferment leur *semence* en » eux-mêmes pour se reproduire sur la terre.. » *Genèse*, ch. i, v. 11.)

De cette sorte, la graine est, tout à la fois, la cause du végétal et la conséquence du végétal : ce qui le produit et ce qu'à son tour il doit produire.

De cette sorte encore, la vie de chaque individu végétal peut être considérée comme le parcours d'un cercle, dont le point de départ de même que le point d'arrivée sont toujours la graine.

La figure ci-dessous rend cette idée parfaitement sensible.

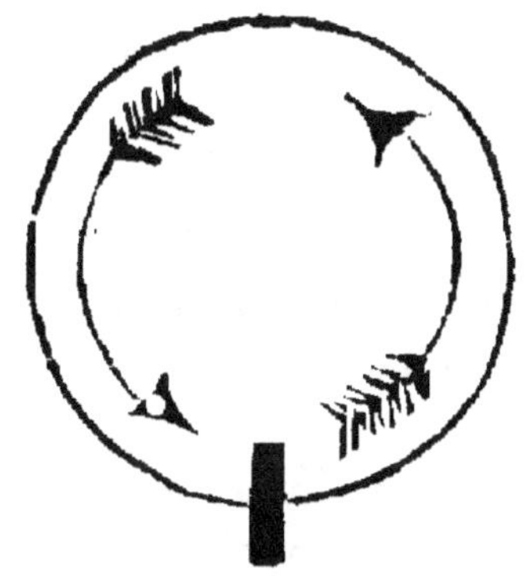

Graine.

Pour suivre nous-mêmes cet ordre indiqué par la nature, prenons la graine formée et pourvue de toutes les conditions qu'elle doit réunir.

Laissons, pour y revenir plus tard, l'examen des phénomènes qui ont déterminé cette formation, et bornons-nous ici à la constatation rapide des parties principales qui composent la graine.

Enfin, mettons-la en terre pour en voir sortir l'individu végétal, dont nous examinerons successivement le développement, dont nous décrirons, à mesure qu'elles se montreront, les différentes parties.

ARTICLE Ier

CONSTITUTION DES GRAINES

Sous le rapport de l'arrangement de leurs parties constitutives, les graines varient entr'elles à l'infini.

D'abord, quant à l'extérieur, forme, volume, couleur, etc., etc., ainsi que l'indiquent les différents caractères botaniques basés sur ces variations.

Puis aussi, quant à l'intérieur, bien qu'ici néanmoins ces mêmes variations puissent être plus diffiles à saisir.

Quels que soient leurs volumes, leurs formes, leurs couleurs, etc..., la nature a mis le plus grand soin, un soin maternel à défendre les graines contre les altérations qu'elles pourraient subir et qui seraient de nature à compromettre le germe qu'elles recèlent. Elles sont :

Ou enveloppées d'une substance douce, pulpeuse

comme celles des fruits succulents : pommes, poires, raisins, etc...

Ou défendues par une membrane forte, épaisse, dure comme les noyaux de pêches, abricots, etc...

Ou protégées par un épiderme solide, comme la peau des graminées, des légumineuses, etc...

En réalité, il n'y a pas de graines nues, de graines privées de téguments : ce qui eût été, de la part de la nature, une imprévoyance capable de compromettre la perpétuation des espèces auxquelles elles auraient appartenu.

Toute graine, dans son intérieur, offre deux parties principales et bien distinctes :

Une partie charnue nommée *cotylédon* (1), lobe, amende;

Une partie de forme très-variable dans les détails, nommée *embryon*, germe, rudiment de la plante à venir.

§ I.

Les cotylédons, lobes ou amandes.

Très-apparents dans certaines graines, comme celles du haricot, de la fève, etc.., Fig. 1, ces corps charnus existent néamoins dans toutes celles des plantes *phanérogames* c'est-à-dire à fleurs et à

---

(1) Du mot grec qui signifie *écuelle*, à cause de la forme.

fructifications visibles. Mais ils y varient en nombre et surtout en volume.

Chez la plupart de ces plantes, les graines sont à deux cotylédons. Ainsi, la plus grande partie de celles que nous cultivons : fèves, haricots, pois, etc., dont l'amende se divise en deux portions.

Chez d'autres, elles sont à un seul, comme dans le froment, le seigle, le maïs, etc..., pour ces dernières effectivement l'amende est unique et sans divisions.

Quant aux graines des plantes *cryptogames* ou plantes à fleurs et à fructifications invisibles, fougères, champignons, mousses, lichens, etc., elles sont complètement privées de cotylédons.

C'est en se basant sur ces différences capitales qu'ont été fondées les trois premières divisions principales qu'admet d'abord la méthode de classification des plantes, dite *Méthode naturelle*, et dont nous parlerons plus tard.

On a eu les plantes *dicotylédones*, ou à deux cotylédons.

Les plantes *monocotylédones*, ou à un seul cotylédon.

Les plantes *acotylédones*, ou sans cotylédons.

Par une transformation qui fait de leur substance une sorte de lait, les cotylédons sont essentiellement destinés à nourrir la plante dès les premiers moments de son existence.

Chez certaines même, comme chez le haricot, lors de la germination, ils sortent de terre, se colorent en vert et forment les premières feuilles dites *feuilles séminales*, Fig. 2.

La matière des cotylédons varie beaucoup.

Dans les graminées, et principalement le froment, elle est blanche, douce, susceptible d'une grande division et elle contient la substance qui sert à faire la farine et le pain.

Dans le café, les ombellifères en général, elle est dure et cornée.

Dans les euphorbiacées, elle est huileuse, etc..

§ II

L'embryon ou germe fécondé.

L'embryon qui existe dans les graines, avec des formes et des attitudes très-variables selon les espèces, est destiné, quand la fécondation de ces graines a été complète, à la reproduction de l'espèce.

C'est le germe d'un nouvel individu; c'est cet individu lui-même à l'état rudimentaire, à l'état embryonnaire. Ainsi, dans le gland, c'est le chêne, etc...

Les deux extrémités de l'embryon sont nommées :

L'une *radicule*; c'est l'extrémité inférieure, c'est la racine ou au moins ce qui devra la former. Fig. 1, A.

L'autre, *plantule* ; c'est l'extrémité supérieure, c'est la tige ou au moins ce qui devra la former. Fig. 1, B.

Certains botanistes même distinguent ici deux parties :

Celle qui devra former la tige proprement dite et qu'ils nomment *tigelle*.

Celle qui devra former le sommet de cette tige et qu'ils nomment *gemmule*.

APPLICATIONS AU SUJET DES GRAINES

Au point de vue agricole, les graines ont une très-grande valeur.

D'abord, à cause de la perpétuation des espèces, et voilà pourquoi la nature les a disposées de manière à pouvoir se conserver facilement et souvent pendant un très-grand nombre d'années.

A cet égard, on a cité de nombreux exemples. Ont pu germer :

Des graines de froment, selon Pline, après 100 ans de conservation.

Des graines de seigle, selon Home, après 140 ans de conservation.

Des graines de haricot, selon Gérardin, après 100 ans de conservation.

Des graines de rave, selon Lefébure, après 100 ans de conservation.

Des graines de tabac, selon le même, après 100 ans de conservation.

En 1834, on trouva dans des tombeaux romains de la commune de La Monzie-Saint-Martin (Dordogne), des graines des espèces suivantes : *Héliotrope*, *Luzerne lupuline*, *Bleuet*, etc... Mises en terre, ces graines, qui devaient avoir 15 à 1600 ans d'âge, se développèrent et donnèrent lieu à des fleurs et à d'autres graines (1).

Les graines ont aussi une immense valeur, par rapport à l'alimentation des hommes et des animaux, et voilà pourquoi encore la nature les a presque toujours multipliées bien au-delà des nécessités de la reproduction.

Nous pourrions citer de nombreux exemples. Bornons-nous à ceux que peut fournir le froment :

Dans les années fertiles, on peut avoir trois à quatre épis par pied ; soit trois pour ne pas exagérer.

Chaque épi peut donner 24 graines, ce qui fait un total de 72 graines $(24 \times 3 = 72)$.

Parmi les faits extraordinaires, Pline parle d'un seul pied de froment, envoyé à Auguste, et sur lequel on comptait 400 épis.

Or, à 24 graines par épi, cela faisait 9,600 graines $(400 \times 24 = 9,600)$.

---

(1) *Actes de la Société Linnéenne de Bordeaux*, t. VII, p 65. Article de M. Ch. Des Moulins.

Comme le froment et les autres céréales , grand nombre de plantes sont cultivées pour leurs graines, lesquelles font la base de l'alimentation de l'homme ou de celle des animaux qu'il élève : froment, seigle, maïs, avoine, orge, etc...

Grand nombre de légumineuses servent aux mêmes usages : fèves, haricots, pois, vesces, etc...

D'autres plantes , comme le lin, le colza, le pavot, etc..., donnent des graines dont on extrait de l'huile.

Une composition chimique particulière détermine chez les graines des céréales et des légumineuses leurs propriétés nutritives. Les premières la doivent au *gluten*, les secondes à la *légumine*.

Beaucoup de graines aussi sont employées en médecine.

Quant aux graines des plantes sauvages, quelle consommation n'en font pas les animaux : quadrupèdes, oiseaux, insectes, etc...? Là encore, il y a une révélation éclatante des motifs qui ont porté la nature à tant multiplier ces graines.

La culture, au surplus, s'efforce aussi de multiplier celles qui sont utiles, soit comme aliments, soit pour tout autre usage.

Mais si la nature a su prendre les plus touchantes précautions pour conserver le précieux germe des graines; si leur multiplication, quelquefois effrayante, est encore commandée par un motif analogue; elle n'a pas donné de moins grandes preuves de sa sollicitude pour leur dissémination, c'est-à-dire pour l'acte par lequel les graines, détachées de la plante qui leur a donné naissance, s'éparpillent plus ou moins loin d'elles pour vivre de leur vie propre (1). Ici, on peut le dire, tout a été mis en œuvre : d'abord, les dispositions si variées et si ingénieuses des graines elles-mêmes, pour pouvoir, ou être enlevées par les vents, ou être emportées par les eaux, ou par les animaux, en s'attachant à leurs poils, à leurs plumes, en résistant à l'action de l'estomac de ceux qui les ont avalées, même en s'attachant aussi aux vêtements de l'homme : devenu de la sorte et à son insu propagateur d'espèces qu'il s'efforcera plus tard de détruire.

Parmi les dispositions curieuses de certaines graines, en vue de leur dissémination, nous nous bornerons au seul exemple que fournit une plante bien commune dans nos landes, l'ajonc ou landier (*Ulex europœus*). » Qui n'a pas entendu, dit M. Laterrade père, dans sa *Flore de la Gironde*, en parcourant nos landes solitaires, dans les jours de l'été, le bruit presque continuel que font les gousses de l'ajonc, en s'ouvrant pour jeter au loin les graines qu'elles recouvraient ? »

---

(1) M. Adrien de Jussieu.

ARTICLE 2

LA GERMINATION

La germination est l'acte par lequel l'embryon d'une graine, placée par la nature ou par la culture, dans les conditions nécessaires pour cela, passe de l'état de vie passive à l'état de vie active ; l'acte par lequel cette graine germe ou naît.

Les causes directes de ces changements sont les suivantes :

1° L'eau qui humecte, pénètre et ramollit la graine ; fait gonfler ses parties intérieures, en augmente le volume au point que ses téguments, ou enveloppe extérieure, sont contraints de se rompre.

L'eau encore, qui délaie les matières contenues dans la graine et les met ainsi sous une forme qui permettra à la jeune plante de s'en nourrir.

2° La chaleur qui favorise les phénomènes ci-dessus, de même que ceux de la décomposition de l'air dont nous allons parler.

En général, 8 degrés environ de température moyenne atmosphérique paraissent être la limite au-dessous de laquelle ne peuvent germer le plus grand nombre des graines.

De même aussi que 20 à 30 degrés semblent être la limite opposée à ce même phénomène ; celle au-delà de laquelle il ne saurait se produire, toujours d'une manière générale.

Dans nos contrées tempérées, le printemps au surplus est la saison générale pour les semis. C'est alors que, sous l'influence des rapports les plus avantageux entre l'humidité et la chaleur, on voit germer les graines des plantes sauvages et de toutes celles, en grand nombre, que l'agriculture et l'horticulture ont confiées à la terre. Virgile dit :

Alors la terre ouvrant ses entrailles profondes,
Demande, de ses fruits, les semences fécondes.

Faisons remarquer aussi que le nom du mois d'avril est pris des dispositions particulières de la terre à ce moment de l'année, Il vient du mot latin *aprilis*, *d'aperire*, ouvrir.

La culture a cependant imposé, à cette règle générale, quelques exceptions. Ainsi, elle sème le blé à l'automne, le trèfle incarnat à l'été, etc...

3° L'air qui cède un de ses principes constitutifs, l'oxigène.

La combinaison de ce principe avec le carbone surabondant contenu dans les substances de la graine, donne lieu à de l'acide carbonique qui se dégage.

Ainsi privées de ce carbone surabondant, qui avait eu pour but de favoriser leur conservation, les substances dont il s'agit se convertissent en une matière blanche, sucrée, analogue au lait des mammifères et qui sert de premier aliment à la plante.

Un principe particulier nommé par les chimistes *diastase* et que produit aussi la germination, concourt à tous ces changements.

Alors, nourrie d'abord par ce liquide laiteux, la radicule s'allonge, se change bientôt en racine véritable et s'enfonce dans la terre.

A leur tour, la tigelle et la gemmule s'allongent aussi, s'élèvent, sortent de terre et forment les parties supérieures du végétal, destinées à se développer hors de terre.

Ainsi, c'est la racine qui se forme la première; la tige vient ensuite, et enfin son couronnement la gemmule.

Un fait bien remarquable aussi, c'est la tendance invincible, et quelle que soit d'ailleurs la situation de la graine dans la terre, pour la racine, à s'enfoncer dans cette terre, pour la tige, à en sortir, à s'élever vers le ciel.

Enfin, une autre observation non moins digne d'être mentionnée, c'est la différence qui se manifeste, au moment de leur naissance, entre les plantes à graines dicotylédones et les plantes à graines monocotylédones. Les premières sortent de terre avec deux feuilles, la citrouille, Fig. 3, plante dicotylédone ; le maïs, Fig. 4, plante monocotylédone.

Quant à la durée nécessaire pour la germination des graines, elle est très-variable, suivant les espèces, suivant les individus, suivant l'état du temps, etc... Néanmoins, à cet égard, il a paru possible d'établir les règles générales ci-après :

1° Les grosses graines sont plus lentes à germer que les petites, parce qu'elles ont besoin de plus d'humidité et que leur surface absorbante ne croît pas en raison de leur masse.

2° Les graines renfermées dans une enveloppe ligueuse, osseuse ou pierreuse, comme les noyaux, etc..., sont très-lentes à germer, à moins que l'on n'ait rompu cette enveloppe. La graine de pêcher exige jusqu'à deux ans.

3° Plus le tissu qui forme les téguments ou enveloppe la graine est hydroscopique, plus cette graine est prompte à germer.

APPLICATIONS AU SUJET DE LA GERMINATION

Prenons pour exemple du phénomène de la germination, dans notre localité, le froment.

On ne sème cette plante :

Ni pendant l'hiver, saison où la température moyenne n'atteint que $+ 6^{\text{e}} 1$, où l'humidité est surabondante.

Ni pendant l'été, saison où cette même température arrive à + 20° 7 (1), où la chaleur est dominante, l'humidité relativement très-inférieure.

On pourrait bien le semer au printemps, principale saison des semis, et comme on le fait bien souvent dans le Nord; mais, agricolement parlant, notre région trouve infiniment plus davantage à semer à l'automne, du 15 octobre au 16 novembre en moyenne.

De cette manière, la plante est à l'abri des torts majeurs que pourraient lui causer au printemps ou trop d'humidité ou trop de sécheresse.

De cette manière encore, l'expérience a dès long-temps prouvé qu'on avait des produits bien supérieurs en quantité et en qualité, tant en grain qu'en paille.

Durant la période ci-dessus (15 octobre au 15 novembre), sous le climat girondin, on a :

En température moyenne quotidienne, + 11° 7.

En hauteur moyenne et quotidienne d'eau de pluie, 2 millim. 5.

En outre, nos observations de plusieurs années nous ont fait connaître que pendant cette même

---

(1) Il pourrait y avoir à tout cela de nombreuses exceptions, à cause des pluies qui font varier notablement les températures. Ainsi, on sème du maïs-fourrage pendant tout l'été; mais il arrive aussi que, s'il ne pleut pas, il ne germe pas.

période, la température de la terre jusqu'à 20 centimètres de profondeur, était également en moyenne de + 10°.

Or, comme le blé germe dans la terre, c'est sous l'influence de cette dernière température, + 10°, que se fait cette germination.

On a souvent comparé la graine en général à l'œuf des oiseaux.

Ici nous pouvons considérer la terre qui fait germer la graine du blé, comme la poule qui fait naître ses petits poussins en couvant ses œufs.

Cette couvaison dure en moyenne 18 jours, et la mère entretient ses œufs dans une chaleur de 42°, ce qui fait un total de 756° de chaleur :

$$42 \times 18 = 756.$$

Pour que le blé germe, il faut qu'il ait reçu de la terre un total de 84° de chaleur.

Or, dans nos contrées, la terre, à l'époque des semailles, ayant une chaleur de 10°, c'est un peu plus de huit jours qu'il a fallu à cette terre pour fournir au blé ces 84° de chaleur totale, c'est-à-dire pour le faire germer, pour le faire sortir de terre.

$$\frac{84}{10,3} = 8,5$$

Or, encore, c'est environ huit jours que met le blé, quand le temps ne lui est pas hostile, pour germer, pour faire verdoyer nos billons.

C'est après avoir résumé l'enchaînement de ces merveilleux phénomènes que l'abbé Rozier a écrit : « O nature ! quel homme peut te suivre dans tes ouvrages sans l'admirer et sans louer Celui qui t'a imprimé cette force toujours agissante ! »

PREMIÈRE PARTIE

ORGANES FONDAMENTAUX DES PLANTES.

Par *organes fondamentaux des plantes* et pour être plus facilement compris, nous entendons ceux qui, à nos regards, constituent principalement ces êtres, leur donnent les formes. les dimensions, en un mot l'aspect qui nous frappe.

Ces organes ne sont pas en très-grand nombre, et il est facile de les répartir en trois divisions principales :

1° Organes souterrains · les racines.

2° Organes aériens : la tige et les branches, l'écorce, le bois, la moëlle, les boutons ou bourgeons, les feuilles.

3° Organes de reproduction : les fleurs, les fruits, les graines.

Ces organes divers se produisant dans l'ordre que nous venons de suivre en les nommant, ce que nous avons à dire de chacun d'eux ne nous éloignera pas du plan que nous avons déjà formé de suivre le végétal, sortant de la graine, dans tous ses développements successifs.

1re Division. — *Organes souterrains des plantes.*

ARTICLE UNIQUE

LES RACINES.

Nous avons vu comment, lors de la germination de la graine, le développement de la partie de l'embryon nommée radicule donnait naissance à la première racine.

Cette première racine, continuant à se fortifier, à s'allonger et à se ramifier, selon les lois particulières au végétal dont elle dépend, affecte différentes formes que la botanique énumère avec soin et dont nous ne citerons que les principales. Mais avant, faisons remarquer qu'il y a, dans toute racine, trois parties essentielles et plus ou moins distinctes :

1° Une partie supérieure, dite *collet*, *nœud-vital*, etc..., et d'où part la tige, Fig. 5, A.

Collet, collet de la racine, pour point de partage de ce qui doit rester en terre et de ce qui doit se produire à l'extérieur.

Nœud-vital, selon l'expression du célèbre botaniste Lamarck, qui désignait ainsi ce même point de partage, en y rattachant en outre l'idée de circonstances particulières susceptibles de décider, dans cette partie du végétal, des deux modes opposés de croissance qui lui sont propres.

En réalité rien, ni extérieurement, ni intérieurement, ne peut expliquer le phënomène capital qui se produit au collet de la racine ou nœud-vital : à moins, comme le faisaient les anciens, et comme le rappellent les vers suivants adressés au célèbre La Quintinie par le poète Perrault, qu'on ne prête une âme aux plantes (1) :

> Dans l'endroit où le tronc se joint à la racine,
> *L'âme* fait sa demeure et prend son origine.

2° La seconde partie de la racine est dite *partie moyenne*, ou *corps de la racine*, B. C'est celle qui, dans certaines espèces, comme la carotte, la betterave, etc..., peut acquérir un développement souvent considérable.

3° Il est enfin, dans la racine, une troisième partie, principalement inférieure, et dite *radicelle*, C.

Cependant, les radicelles ne se bornent pas

---

(1) Prêter une âme anx plantes était effectivement une idée admise chez les anciens ; parmi les Grecs surtout, Aristote et Théophraste étaient seuls à la repousser, mais on voit, par les paroles suivantes de Pline, qu'elle avait été sa persistance : « Il nous reste à parler des productions de la » terre, qui ont également une âme, car rien ne peut vivre » sans âme. » (*Hist. nat.* L. XII, ch. 1.)

toujours à terminer le corps de la racine ; elles se montrent souvent en plus ou moins grande abondance sur sa surface, et c'est là ce que, dans leur ensemble, on désigne par le nom collectif de *chevelu*.

C'est par les radicelles ou chevelu, plus particulièrement disposés pour cela, que les racines opèrent dans le sein de la terre la succion qu'elles doivent y exercer.

Au point de vue de l'anatomie végétale, on peut considérer les racines comme des tiges, ou plutôt comme des branches, des rameaux, des ramilles modifiés par le milieu dans lequel elles séjournent.

C'est ainsi que dans plusieurs espèces, les branches ont pu être substituées aux racines et réciproquement. On doit à Duhamel de très-curieuses expériences en ce genre, notamment sur les acacias, les saules, etc...

Les transitions du chaud au froid, du sec à l'humide et réciproquement, étant moins brusques et moins tranchées dans la terre que dans l'air, les racines ont en général plus d'épaisseur, plus de mollesse, plus d'élasticité. Elles ne sont jamais vertes, mais blanches, jaunes, roses, etc...

La moelle, à laquelle toutes ces circonstances opposent une résistance plus grande, prend aussi moins de développement dans les racines ; mais d'un autre côté, elle y persiste plus longtemps.

Les tiges, les branches se couvrent de feuilles, de fleurs, de fruits, d'épines etc.; les racines se garnissent et se terminent par des ramifications de plus en plus menues, auxquelles on a donné, nous venons de le dire, le nom de *chevelu*.

Ce n'est pas, comme on le croit vulgairement, par toute leur surface que les racines absorbent l'eau et les autres matières en dissolution dans ce liquide que leur fournit le sol, mais par leur chevelu.

Ainsi, plus une racine est garnie de ce chevelu, plus elle a de bouches absorbantes, plus elle est apte à tirer de la nourriture de la terre.

Comme les autres organes des végétaux et beaucoup plus que bien d'autres, les racines tendent constamment à croître tant en longueur qu'en grosseur.

On doit à un auteur anglais, Jhon Lindeley (*Théorie de l'horticulture*), une comparaison qui fait parfaitement comprendre ce premier mode d'accroissement.

« Une racine reçoit son accroissement à la manière d'un glaçon de gouttière, par une superposition constante de matières vers son extrémité; avec cette différence toutefois que le glaçon s'accroît par l'addition de matières extérieures, tandis que la racine n'augmente de volume que par la création perpétuelle de molécules nouvelles à l'intérieur. »

Pour certaines plantes, cette croissance en longueur peut atteindre des proportions extrêmes. C'est ainsi qu'au Musée de Berne, dit M. de Gasparin (*Cours d'agriculture*, t. 4), on voit une racine de luzerne de 16 mètres de longueur.

Quant à l'accroissement en grosseur, il a également lieu avec une grande force. La nature assure ainsi souvent la désagrégation des roches les plus dures : les racines étant capables de les disjoindre et d'en séparer les morceaux.

Les racines présentent des formes bien diverses, selon qu'on les examine chez les différentes espèces de vegétaux.

Elles sont parmi les végétaux cultivés :

Pivotantes, quand elles s'enfoncent verticalement dans la terre, la carotte, etc...

Rameuses, quand elles se divisent et s'éparpillent sans ordre, etc.

Fibreuses, quand elles sont fines, déliées et partent toutes du même point, comme les poils d'un pinceau, le froment, le poireau, etc...

Rampantes, quand elles s'étendent parallèlement à la surface du sol, etc...

Fusiformes, quand elles affectent la forme d'un fuseau, la betterave, etc...

Fasiculées, quand leurs rameaux sont nombreux, divergents et offrant des divisions charnues sans ordre, l'anémone (*pattes*), la renoncule (*griffes*), etc.

Bulbeuses, quand elles sont composées de corps charnus s'enveloppant mutuellement, l'oignon, le lys, etc ..

Tuberculeuses, quand elles forment des masses charnues de grosseurs et de formes diverses, la pomme de terre . etc...

Les racines offrent aussi de grandes différences par rapport à leur durée.

On les dit :

Annuelles, chez les plantes qui ne durent qu'un an, le maïs. Leur signe est celui du soleil ☉, parce que la révolution de la terre autour de cet astre dure une année.

Bisannuelles, chez les plantes qui durent deux ans, la carotte, la betterave. Leur signe est celui de Mars ♂, dont la révolution sidérale se fait en deux années environ.

Vivaces, chez les plantes qui vivent un nombre d'années indéterminé, toutes les herbes dites vivaces. Leur signe est celui de Jupiter ♃, dont la révolution sidérale est de plus de douze ans.

Ligneuses, chez les arbres, arbrisseaux et sous-arbrisseaux. Leur signe est celui de Saturne ♄, dont la révolution autour du soleil est de près de trente ans.

Tout semble prouver au surplus que ce qui décide, tant de l'allongement des racines que de la multiplication de leur chevelu, c'est la nourriture dont elles savent faire la recherche, dans la terre, avec une sorte d'instinct

Ainsi s'explique la rencontre de racines que certains arbres projettent souvent à des distances fort éloignées et que ne peuvent arrêter aucun obstacle dans leur marche souterraine, comme celles de ces ormeaux que Duhamel ne put empêcher de s'étendre dans un champ voisin, même en creusant un profond fossé.

Ainsi s'explique encore la possibilité de fumer la vigne, en déposant l'engrais, non à ses pieds, mais dans une rigole creusée entre ses rangs et vers laquelle les racines ne manquent pas de se diriger.

A l'égard de la multiplication déjà signalée du chevelu des racines, il paraît que cette multiplication a lieu en raison inverse de la richesse de la terre. C'est pour cela que les racines plongeant dans l'eau, c'est-à-dire dans un milieu où les matières alimentaires des végétaux sont infiniment plus rares, offrent souvent un chevelu tellement considérable qu'on peut les comparer à une *queue de renard*.

On voit encore la direction des racines plus ou moins modifiée par les obstacles qu'elles sont obligées d'éviter.

Le chêne qui vient dans des terres ordinairement profondes, fait pénétrer les siennes dans tous les sens et à de grandes distances.

Le pin, qui vient dans des sables à sous-sol imperméable (l'*alios*), est obligé de les étendre au loin et à de grandes distances. Malgré cela et si la nature ne lui avait pas menagé ses branches, si son feuillage toujours vert ne se composait pas de simples aiguilles, les vents d'Ouest que nous devons au voisinage de l'Océan en abattraient, pendant l'hiver, des quantités considérables et, avec tout autant de raison qu'au roseau, le chêne pourrait lui dire :

> Le moindre vent qui d'avanture
> Fait rider la face de l'eau,
> Vous oblige à baisser la tête..

APPLICATIONS AU SUJET DES RACINES

Une première conséquence à tirer de tout ce qui précède, par rapport aux plantes cultivées, c'est que la profondeur des terres destinées à ces plantes doit varier comme la longueur, la force, la direction de leurs racines ; c'est que ces terres doivent être constamment ameublies par les labours, etc...

Le blé, nous l'avons dit, dont les racines sont fines, minces et courtes, pourra à la rigueur se contenter d'une terre peu profonde et plus ou moins compacte.

La betterave, la carotte, etc..., susceptibles de prendre en longueur et en grosseur un développement considérable exigeront, au contraire, une terre plus profonde, plus légère et plus meuble.

D'après ce qui précède encore, on comprendra qu'il peut être dangereux de retrancher, aux végétaux que l'on transplante, une partie trop notable de leur chevelu, sous prétexte de les *rafraîchir*, comme le disent les jardiniers.

Au surplus, la théorie de la transplantation en général se rattache principalement aux faits d'organisation et autres particuliers aux racines et aux relations directes de celles-ci avec les feuilles.

En peu de mots, cette théorie repose sur le point capital de l'équilibre qui doit alors se maintenir entre le pouvoir d'absorption de l'humidité du sol par les racines et le pouvoir d'évaporation de cette même humidité, dans l'atmosphère, par les feuilles.

Les plantes herbacées, venues de semis, comme le choux, le tabac, etc..., se transplantent avec leurs feuilles.

Les conditions à réunir, pour assurer leur raprise, sont d'abord l'arrosement naturel ou artificiel qui ranime l'action absorbante des racines et fournit à cette absorption. Elles sont encore, si cela est possible, l'abritement des feuilles contre l'action du soleil, afin de prévenir, à ces premiers moments, une trop grande évaporation des matières liquides absorbées d'abord difficilement par les racines. Enfin, on comprend qu'il peut y avoir avantage aussi à diminuer le nombre des feuilles, d'abord trop considérables pour cette absorption.

Pour les plantes ligneuses, les arbres, on peut recourir à des moyens analogues. Mais une condition capitale de succès, c'est le choix de la saison où s'effectue la transplantation. — Cette saison, c'est la fin de l'automne ou le printemps.

Alors le sujet n'a pas de feuilles, et avant que celles-ci se montrent, les racines ont le temps de s'établir dans le sol, de se mettre en rapport avec les matières qu'elles devront y puiser.

Un usage dont on abuse souvent aussi, c'est celui de retrancher une certaine partie des branches à l'arbre que l'on transplante, dans le but encore de prévenir l'apparition trop immédiate d'une quantité de feuilles, à l'évaporation desquelles ne pourraient d'abord satisfaire les racines.

C'est l'abus de ce retranchement des branches qui a donné lieu au proverbe bien connu : *Si un jardinier plantait son père, il lui couperait la tête.*

Enfin, une bonne précaution encore, en ces sortes de cas, est celle qui consiste à ouvrir les fosses quelque temps avant la plantation. Ce moyen améliore la terre en lui assurant le contact de l'air, ce que l'abbé Rozier appelle l'*engrais atmosphérique.*

Grand nombre de plantes sont cultivées pour leurs racines qui fournissent soit des aliments, soit des substances utiles aux arts.

Sous ce premier rapport, il faut citer la betterave, la rave, la carotte, même la pomme de terre, lu topinambour, bien qu'ici et botaniquement parlant il y eût une distinction à faire.

Sur cette partie du végétal et malgré les difficultés que semblait devoir opposer le milieu dans lequel elle se développe, l'industrie de l'homme a su exercer une puissante action.

Qui croirait, par exemple, que la carotte sauvage (*Daucus carotta*), qui vient spontanément dans nos terres arides, dans nos prés et dont la racine pivotante est à peine grosse comme un tuyau de plume, est le type de toutes nos carottes cultivées ? Ce fait cependant a été mis hors de doute par les curieuses expériences de M. Vilmorin, publiées en 1838 dans le *Bon Jardinier*.

Il en est de même à l'égard de la betterave qui n'a, dans les contrées où elle croit spontanément, sur les bords de l'Océan et de la Méditerranée, qu'une racine grêle et insignifiante. A l'égard de ces autres racines, souvent bien distinctes entre elles aux yeux du botaniste, mais que la pratique confond habituellement sous le nom collectif de raves. Ainsi, la rave du Limousin ou du Périgord, la *rabioule*, dont le diamètre peut atteindre de 16 à 20 centimètres, est bien loin, dans l'état de nature, d'offrir de pareils développements.

Pour les usages médicinaux, les racines fournissent aussi de nombreuses substances. A cet égard, il suffira de citer la rhubarbe, la guimauve, la patience, etc

Pour les arts, ou au moins pour des procédés plus ou moins compliqués, ce sont des produits immédiats comme le sucre que l'en obtient de la betterave, la fécule que donne la pomme de terre, la matière colorante que fournit la garance, etc...

Il est encore des emplois mécaniques d'une très-haute importance auxquels ont pu se prêter les racines de certaines plantes. Ainsi, celles de la laiche des sables (*Carex arenaria*), du roseau des sables (*Arundo arenaria*) concourent en Hollande et dans la Gironde, par leur longueur et leur flexibilité, à fixer les sables des dunes, « Les agriculteurs du pied de l'Etna placent des fragments d'opuntia dans les moindres fentes des laves. Ces plantes y poussent des racines qui profitent du peu d'humidité que ces fissures recèlent et qui, par la force de leur végétation, tendent à les agrandir, à les multiplier et à rendre ainsi peu à peu ce sol ingrat accessible à la culture (1). »

2me Division. — *Organes aériens des plantes.*

ARTICLE 1er.

LA TIGE

La tige est cette partie du végétal qui part du collet de la racine et tend toujours, plus ou moins

_____

(1) De Candolle : *Physiologie végétale.*

et avec plus ou moins d'énergie, à s'élever vers le ciel.

Il est des plantes chez lesquelles la tige semble se confondre avec le collet de la racine ou qui n'ont pas de tige. Ces plantes sont dites *acaules* : ainsi la primevère, certains chardons, etc...

Au contraire, celles qui ont une tige, et c'est le plus grand nombre, sont dites *caulescentes*.

Comparées entr'elles, les tiges présentent des caractères fort distincts, suivant le point de vue auquel on les examine.

Par rapport à la consistance de leurs fibres, à leur solidité, elles sont dites *herbacées*, ce sont celles des herbes en général ; *sous-ligneuses*, ce sont celles des plantes bisannuelles ou qui ne fleurissent que la seconde année de leur naissance ; *ligneuses*, ce sont celles appartenant aux végétaux qui produisent du bois, en latin *lignum*.

On leur donne aussi le nom spécial de *chaume* lorsqu'elles sont creuses ou fistuleuses, entrecoupées de nœuds : le roseau, le froment, les graminées en général.

Par rapport à leurs dimensions, les tiges ont permis de faire, des arbres, la classification suivante :

On dit arbres de première, de seconde, de troisième, de quatrième grandeur. On dit aussi arbrisseau, sous-arbrisseau ou arbuste, enfin herbe.

Par rapport à leurs attitudes, on a des tiges droites, obliques, couchées, rampantes, sarmenteuses, volubiles ou s'entortillant à d'autres végétaux

A l'égard de ces dernières, il faut faire observer que le sens de cet entortillement est toujours le même pour chaque espèce. Chez le houblon, de gauche à droite; chez le haricot et les légumineuses en général, de droite à gauche, etc...

Par rapport à leurs formes, les tiges qui sont ordinairement cylindriques affectent cependant, dans certaines espèces, des formes comprimées, tranchantes, triangulaires, quadrangulaires, canelées, noueuses, articulées, etc...

Examinée de l'extérieur à l'intérieur, la tige, dans toutes les plantes dicotilédones, offre l'écorce, le bois, la moëlle.

§ I

L'ÉCORCE

L'*écorce* n'est pas une organe simple. Toujours en allant de l'extérieur à l'intérieur, on y distingue, 1° *l'épiderme*, 2° le *tissu cellulaire*, 3° *l'écorce proprement dite*, ou *liber*.

1° L'épiderme est une membrane mince, un peu diaphane et plus ou moins souple

Dans certaines espèces, il se sous-divise encore

en plusieurs feuillets Ainsi dans le bouleau (*Betula alba*) dont l'épiderme servait de papier aux anciens, comme celui du papyrus (*Cyperus papyrus*) (1).

Constamment exposé à l'air, sa coloration varie selon les espèces, l'âge, la saison, l'exposition particulière, etc.

L'usage de l'épiderme paraît être :

D'arrêter ou de diminuer l'évaporation que subiraient les organes qu'il recouvre ;

De s'opposer à la pourriture que déterminerait l'humidité extérieure ;

D'empêcher, l'écorce proprement dite de recevoir l'action trop directe des agents extérieurs ;

De prévenir la destruction du sujet par de trop basses températures.

Cette dernière propriété paraît particulièrement s'exercer chez les arbres dont l'épiderme admet plusieurs feuillets, comme le bouleau que nous venons de citer, qui a ainsi l'avantage de s'avancer le plus vers les régions glaciales du globe jusqu'au 70° de latitude Nord, et de monter le plus haut sur les montagnes, jusqu'auprès des neiges perpétuelles;

---

(1) Voir, au sujet de la préparation de l'épiderme du Papyrus, l'article de M. Champollion-Figeac, dans *l'Encyclopédie du XIXe siècle*, vol. 36, pages 454. — Dans le *Dictionnaire universel d'hist. nat.* vol. 11, pages 688.

chez les arbres aussi dont l'écorce se montre profondément rugueuse, comme celle des pins, à cause des couches d'épiderme qui s'y sont successivement accumulées et entre lesquelles sont restées emprisonnées autant de couches d'air : raison du pétillement du pin non écorcé en brûlant.

2° Le tissu cellulaire est cette membrane verte, succulente, humide surtout au moment de l'ascension de la sève, que l'on rencontre immédiatement sous l'épiderme.

On le nomme aussi *enveloppe herbacée*, et *parenchyme*.

La nature de cette substance, commune chez les végétaux, devant nous occuper plus tard, à son égard nous nous bornerons ici à cette simple mention.

3° L'écorce proprement dite est l'enveloppe qui repose immédiatement sur le bois et dont également nous verrons incessamment la destination.

C'est l'écorce qui fournit aux arts et selon les espèces, le chanvre, le lin, le tan, le liége, etc .. C'est de l'écorce aussi que l'on obtient certains condiments, comme la cannelle et grand nombre de remèdes, le quinquina surtout.

Le chanvre et le lin sont des plantes qui entrent dans la culture régulière d'un grand nombre de contrée. La filasse qu'on en obtient résulte des fibres que renfermait l'écorce de ces plantes.

Par une opération nommée *rouissage* et qui se fait principalement au moyen de l'eau, la matière gomo - résineuse qui agglutinait ces fibres est dissoute, et il reste une substance textile que l'on peigne et que l'on tisse pour en faire de la toile, etc...

§ II

LE BOIS

Le bois est formé par les couches concentriques que l'on rencontre immédiatement après l'écorce et qui vont jusqu'au canal médulaire.

Ces couches, quant à leur nature, sont de deux sortes.

Les plus rapprochées de l'écorce, sont ordinairement plus blanches, plus tendres, moins élaborées que les autres. On les nomme *aubier* (1) ou *bois imparfait*. Fig. 6, a., a., a.

Au contraire les couches centrales sont plus dures, plus colorées, plus complétement élaborées : on les nomme *cœur du bois, bois parfait,* ou simplement bois, b., b., b.

Ces différences tiennent principalement à l'âge des couches concentriques, plus récentes dans l'au-

---

(1) Du latin *alburnum*, formé d'*album*, blanc.

bier, plus anciennes dans le bois, ainsi que nous allons le voir.

Elles sont toujours assez faciles à reconnaître, surtout dans les arbres d'une croissance lente et d'une longue durée comme le chêne, l'ormeau, etc... Dans le plaqueminier ébénier (*Dyospiros ebenus*), arbre de Ceylan et de l'Inde, l'aubier est blanc et le bois noir. C'est ce bois qui fournit ce que l'on nomme l'*ébéne*.

Les climats humides, les terres fécondes et profondes, donnent du bois dans lequel l'aubier est plus abondant, du bois moins solide.

Il peut arriver aussi que les couches de l'aubier offrent, dans le même individu, plus ou moins d'épaisseur selon les expositions. Quelque fois encore certaines de ces couches se trouvent interrompues. Tout cela tient aux circonstances particulières de la vie de l'arbre.

A tous les points de vue, soit pour les arts, soit pour le chauffage, l'aubier est toujours inférieur au bois proprement dit : son tissu est plus lâche, plus mou, plus spongieux, l'humidité et les insectes l'attaquent plus facilement.

En résumé, on peut considérer le bois, la tige d'un arbre, comme composé de couches concentriques, coniques et ayant pour axe commun la moëlle, ou canal médulaire. (Fig. 6., A., B.)

§ III.

LA MOELLE

Au centre du bois, nous venons de le dire, se trouve la moelle, renfermée dans ce que l'on nomme le canal ou l'étui médulaire A. B.

Cette moelle n'est autre que du tissu cellulaire ou parenchyme, matière végétale que nous avons déjà nommée et dont nous aurons à nous occuper bientôt.

La quantité de la moelle et la forme de son canal varient beaucoup, suivant l'espèce et l'âge des végétaux.

En général, les arbres à bois dur ont moins de moelle que ceux à bois tendre. Elle est abondante dans le sureau et le saule; rare dans le gayac, le chêne, etc...

Le canal médulaire, surtout dans les jeunes pousses, affecte des formes souvent remarquables. Ainsi, le chêne a des rameaux dont la moelle est renfermée dans un canal en forme d'étoile. La fougère commune (*Pteris aquilina*) présente de la sorte, lorsqu'on coupe sa racine en travers, le tracé de l'aigle impérial d'Autriche.

La manière d'être de cette moelle affecte aussi de nombreuses variations. Dans l'oignon, elle tapisse l'étui médulaire en bandes longitudinales. Dans le noyer, elle est disposée par plaques. Dans le chêne, elle finit par acquérir une grande consistance, etc.

Enfin, nous devons mentionner encore ces lignes brillantes qui partent de la moelle et atteignent l'é-corce, comme les rayons d'un cercle. Ces lignes, nommées *irradiations* de la moelle, forment des lames qui pénètrent le bois et lui donnent les taches et les nuances dont l'ébénisterie sait tirer parti, (Fig. 6 , c, c., c....)

Tous ces détails se rapportent principalement aux plantes dites dicotylédones, ou naissant avec deux feuilles séminales, et l'on sait que ce sont les plus nombreuses.

Quant aux autres, à celles dites monocotylédon-nes, ou naissent avec une seule feuille séminale, elles ne présentent pas les cercles concentriques ci-dessus signalés. La moelle n'y est point contenue dans un canal particulier, mais disséminée entre les fibres, et elle n'envoie point de prolongements du centre à la circonférence.

C'est ce que l'on voit dans le bambou, dans le rotang, dans le roseau, dans les graminées en géné-ral, froment, seigle, avoine, etc..., dont la tige, la paille, comme polie et vernissée, sert à faire des chapeaux, ou à couvrir les habitations : tant cet enduit la rend résistante à l'action des pluies.

La tige des arbres dicotylédones croît en deux sens : en longueur ou hauteur, en diamètre ou grosseur.

La croissance en longueur des fibres qui constituent le ligneux est d'autant plus sensible, qu'on approche davantage du sommet des tiges, des branches et surtout des simples rameaux.

Ainsi, un sarment de vigne, que l'on voit sortir du bourgeon au printemps et qui peut avoir acquis, à l'automne, plusieurs mètres de longueur.

La croissance dont il s'agit n'est pas indéfinie pour toutes les parties de l'arbre, car autrement ces végétaux grandiraient sans cesse. Comme chez les animaux, elle se produit, pour chacune de leurs parties, tout le temps de leur jeunesse et jusqu'au moment où l'individu a acquis les dimensions que comporte son espèce.

La croissance en diamètre a lieu par la formation successive et annuelle d'une de ces couches excentriques, que nous offre la tige d'un arbre, outes les fois qu'on la tranche perpendiculairement à son axe. (Fig. 6.)

D'après la théorie de Duhamel, appuyée d'ailleurs sur de très-curieuses expériences, chaque année la couche la plus interne de l'écorce. le *liber*, se convertit en bois, ajoutant ainsi à l'aubier qu'elle recouvrait immédiatement. Cette couche est remplacée par une autre qui se forme pour subir à son tour la même transformation et ainsi de suite, tant que l'arbre croîtra en grosseur.

Les arbres peuvent vivre très-longtemps, accumuler de nombreuses couches ligneuses, former des tiges, dans certaines espèces et dans certains cas, de grosseur prodigieuse. C'est ainsi qu'un botaniste voyageur du XVIIe siècle, Adanson, mesurait aux îles du Cap-Vert, un Baoba (1), dont la tige avait 12m de périphérie, et calculait que cet arbre devait avoir 6,000 ans d'existence.

Au commencement du siècle présent, un arbre abattu dans les Pyrénées offrait 2,500 couches ligneuses. Dans la Gironde, entr'autres exemples analogues, on peut citer : à Mios, un châtaignier de 8m 50 ; à Lussac, un autre châtaignier (coupé en 1870) de 12m, etc...

Par tout ce qui précède, il est facile de comprendre :

1° Pourquoi les parties les plus extérieures du bois sont les moins élaborées, les moins solides, puisqu'elles sont les plus récemment formées ;

2° Pourquoi le bois augmente de dureté, de la circonférence au centre ; puisque les couches centrales sont les plus anciennes, les plus pressées, les plus compactes ;

---

(1) Cet arbre que l'on appelle aussi *Arbre de mille ans* et que les botanistes désignent sous le nom d'*Adansonia digitata*, porte des fleurs fort grandes et des fruits que les Européens appellent *Pains de singe*, et qui sont gros comme des melons.

3° Pourquoi l'écorce se gerce, se déchire et perd successivement sa couche la plus extérieure, l'épiderme, puisqu'elle est contrainte de faire place à celle qui s'est formée au-dessous et qui la presse de l'intérieur à l'extérieur;

4° Pourquoi les caractères que l'on trace sur certains arbres, les blessures qu'on leur fait et même certains objets qu'on y applique finissent par être recouverts et peuvent être plus tard retrouvés dans leur intérieur.

Ainsi, d'après les *Transactions philosophiques de Londres*, on trouva dans un tronçon de bois, une inscription portugaise d'une date très-ancienne. A Orléans, en 1783, dans une bûche, des os de mort disposés en sautoirs. On voit aussi, au cabinet d'histoire naturelle de Paris, un tronçon d'arbre apporté d'Amérique, renfermant un bois de cerf. Enfin, nous avons nous-même un morceau de tige de chêne d'environ 110 millimètres de diamètre dans lequel se trouve une coupure de hâche recouverte par une épaisseur de bois et d'écorce de 25 millimètres environ.

On sait, au surplus, qu'un lien qui assujettit un jeune arbre à son tuteur, ne tarde pas, si on n'a eu soin de mettre un bourrelet de paille sous ce lieu, de le serrer et de lui faire éprouver un étranglement qui gêne sa croissance et l'expose à être rompu par le vent.

Nous avons déjà fait remarquer les différences profondes qui distinguaient les tiges des dicotylédones des tiges des monocotylédones. Ces différences, nous les retrouvons encore dans la manière de croître de ces tiges.

Ainsi, pendant que les premières croissent de dehors en dedans, par l'addition extérieure et annuelle de nouvelles couches d'aubier, les secondes croissent, au contraire, de dedans en dehors par l'addition ou introduction centrale et également annuelle de couches fibreuses qui vont s'épanouir au sommet et former les feuilles.

Voilà pourquoi, dans le palmier, par exemple, que nous pouvons prendre pour type de ces sortes de végétaux, les nouvelles feuilles sortent toujours du sommet et du centre de la tige pour remplacer celles qui tombent et dont les traces extérieures peuvent facilement donner l'âge du sujet ;

Pourquoi ces arbres ne croissent en quelque sorte qu'en hauteur, leur grosseur étant tellement disproportionnée avec cette hauteur que, dans les jardins botaniques où nous les voyons, il faut souvent les soutenir avec des barres de fer ;

Pourquoi dans les forêts intertropicales où ils abondent, ils craignent moins que les arbres dicotylédones les étreintes des lianes qui entourent leurs tiges pour se soutenir et s'élever ;

Pourquoi enfin chez ces sortes de végétaux, et

contrairement à ce qui a lieu dans les monocotylédones, la portion la plus dure du bois est celle de
l'extérieur ; les couches intérieures la pressant et
la serrant sans cesse.

La tige des graminées céréales, du froment, etc.,
à laquelle on donne le nom de *chaume*, présente
une organisation analogue.

Cette tige est creuse, et à l'origine de chaque
feuille se trouve un nœud, un plexus, ou réunion
de fibres nombreuses et serrées.

Dans tout le reste de la tige, ces fibres sont parfaitement parallèles ; aussi, ne naît-il là aucune
feuille, aucune branche, aucune racine.

Dans le chiendent, ce sont des nœuds que sortent des racines et des tiges.

Dans les graminées à tiges dressées, comme le
maïs, cela se voit aussi pour les nœuds les plus près
de terre et d'où sortent des racines.

La distance des nœuds étant la mesure de la
croissance et, celle-ci, étant à son tour la conséquence de la fertilité de la terre, les cultivateurs
jugent ainsi de cette fertilité. Une paille longue
et à nœuds éloignés indique une terre de bonne
qualité ; une paille courte et à nœuds rapprochés
est l'indice d'une terre médiocre.

APPLICATIONS AU SUJET DU BOIS

Il serait inutile sans doute d'insister sur la valeur
du bois en général, au double point de vue des

arts qui en font usage et de son emploi comme com-
bustible.

Un ancien auteur français *maître Bernard Pa-
lissy, ouvrier de terre et inventeur des rustiques
figulines du Roi*, etc..., écrivait à ce propos, au
XVI° siècle, ce qui suit : « Que saurais-tu faire
» sans bois ? Feras-tu cuire ton dîner au soleil? Je
» te prie, considère un peu si tu trouves quelqu'un
» de quelqu'état que ce soit qui s'en puisse passer.
» Regarde qu'il y a peu d'artisans qui ne gagnent
» leur vie par le moyen du bois. Si tu veux bâtir
» des maisons, il faut du bois tant pour les pou-
» tres, solives, que chevrons, pour cuire la chaux,
» pour faire la maçonnerie; s'il est question de
» faire outils ou instruments pour travailler de
» quelqu'état que ce soit, il faut du charbon pour
» les forger. S'il est question de naviguer pour
» trafiquer en pays étrangers, il faut de bois pour
» faire les navires; s'il est question d'avoir des ar-
» mes de défense, il les faut monter du bois. Il faut
» du bois pour faire les charriots et charrettes, les
» maréchaux, serruriers, et tous ceux qui besognent
» de charbon, quel état prendront-ils pour se passer
» de bois, etc...? »

On comprendra ainsi pourquoi la conservation
du bois a donné lieu, chez tous les peuples, à des
règlements spéciaux; pourquoi nous avons en
France un code particulier sur la matière, le *Code*

forestier ; pourquoi un grand ministre du même pays, Colbert, a dit ces paroles, qui se seraient déjà réalisées sans la découverte du charbon de terre : *La France périra faute de bois ?* pourquoi, enfin, l'abbé Rozier donne ce conseil, si peu suivi d'ailleurs : *Avant d'arracher un arbre, il faut en avoir planté dix !*

ARTICLE 2.

LES BOUTONS OU BOURGEONS.

Vers le commencement de l'été, on voit apparaître à l'aisselle des feuilles des arbres et arbrisseaux, des renflements que l'on nomme alors *yeux* ou *gemmes*.

Ces renflements grossissent dans le courant de l'automne et de l'hiver quand les feuilles sont tombées et, à la fin de cette dernière saison, ils ont acquis tout leur volume, alors on les nomme *boutons*. On leur donne bien aussi le nom de *bourgeons ;* mais, d'après l'abbé Rozier, on ne saurait les nommer ainsi qu'au moment où ils s'ouvrent pour livrer passage au germe qu'ils contiennent, à la jeune pousse, que les jardiniers appellent aussi bourgeon.

Dans l'intérieur du bouton existent donc les rudiments des branches, rameaux, ramilles, feuilles, fleurs, fruits, etc..., qui devront se montrer au printemps et qui constitueront d'abord le jet ou pousse de l'année, en terme botanique, le *scion*. C'est cet admirable arrangement qui faisait dire à Hippocrate : « Le bouton est comme un petit arbre. »

L'enveloppe du bouton témoigne au plus haut point, et de toute l'importance de cette dépendance végétale, et de toute la sollicitude maternelle de la nature pour la conservation du germe qu'elle renferme, particulièrement sous les climats sujets à des froids plus ou moins rudes.

Là, ce germe se trouve plus ou moins recouvert par des écailles, protégé extérieurement par une gomme insoluble dans l'eau et intérieurement par une abondante bourre ou duvet, comme dans le marronnier d'Inde ; par des écailles encore, et à l'intérieur par des poils longs et crépus, comme dans la vigne. Dans quelques autres plantes même, comme le fait observer l'abbé Rozier, le pas-d'âne, par exemple (*Tussilago farfara*), ces poils sont si épais et tellement mêlés, qu'ils forment une espèce de feutre ou de couverture, qui emmaillotte l'embryon comme un enfant dans son berceau. Le platane, le robinier, vulgairement acacia, etc..., offrent des dispositions non moins ingénieuses. Là, où était la feuille, se voit une petite cicatrice au fond de laquelle se trouve, parfaitement recouverte par l'écorce, la jeune pousse, et d'où elle sortira au printemps. Chez ce dernier, en outre, deux épines placées l'une à droite, l'autre à gauche, protègent cette cicatrice et son précieux dépôt.

Le but de toutes ces dispositions est bien d'abord, et comme nous l'avons dit, de protéger la jeune pousse ou, plutôt, son embryon, contre la pluie qui la pourrirait, contre le froid qui la gèlerait, contre des chocs même qui pourraient l'endommager; mais encore, elles ont pour mission non moins importante de faciliter plus tard son évolution : en rendant possibles ses premiers efforts, lui permettant de grossir, de se fortifier et d'arriver enfin au point d'agir sur les écailles extérieures, que la saison a durcies, et de les contraindre à lui livrer passage.

Par rapport à la place qu'ils occupent, les boutons ou bourgeons doivent d'abord être distingués entr'eux. Les uns sont au sommet des rameaux qu'ils terminent, ce qui les fait nommer boutons *terminaux*. Les autres, de beaucoup les plus nombreux, se montrent sur les côtés de ces rameaux ; là où ont existé les feuilles, on les dit boutons *axillaires*, ou boutons *latéraux*.

Dans la famille des conifères, pin, etc..., on voit bien des bourgeons à l'extrémité de chaque branche, mais c'est celui du centre seul qui est destiné à continuer la tige, à assurer son élévation.

Dans les autres arbres de nos contrées, tous les

bourgeons sont aptes à continuer la tige, à se substituer mutuellement pour cet emploi.

Les bourgeons sont de plusieurs espèces.

Par rapport au temps où ils apparaissent, on a :

1° Les bourgeons proprement dits, préparés une
année d'avance, comme nous venons de l'expliquer ;

2° Les sous-bourgeons, sortant, dans le cours
de l'été, d'yeux à peine formés ;

3° Les bourgeons adventices, venant accidentelle-
ment et par déviation de la sève, sur des parties du
végétal qui n'en portent pas habituellement, comme
la tige , etc...

Par rapport au produit que promettent les bourgeons, on a :

1° Les bourgeons à feuilles ou à bois, renfermant le rudiment des branches avec les feuilles qui
accompagneront leur développement ;

2° Les bourgeons à fleurs et à fruits, renfermant le rudiment des fleurs qui se développeront
et des fruits qui les suivront bientôt.

Partout où cette classification rigoureuse, qui
souffre, il est vrai, de nombreuses exceptions, peut
être possible, comme dans la plupart des arbres
fruitiers, amandiers, cerisiers, pommiers, etc....
rien n'est plus facile que de faire la distinction de
ces bourgeons.

Les bourgeons à bois et à feuilles ont une forme

aiguë et sont resserrées à leur point d'insertion sur la branche. (Fig. 7, A.)

Les bourgeons à fleurs et à fruits sont plus arrondis, plus obtus et ne présentent point ce resserrement. (B.)

Presque toujours, le développement des bourgeons, au printemps, commence par ceux du sommet des branches et va, en affectant un retard de plus en plus marqué, jusqu'aux inférieurs.

Comme pour la germination des graines, le chiffre de la température moyenne nécessaire au développement des bourgeons varie selon les espèces.

Ainsi, dans nos contrées, nous voyons s'ouvrir les bourgeons des espèces ci-après dans l'ordre des températures qu'exprime chacun des chiffres mis à la suite :

Ceux du chèvre-feuille, à. . . . .   3° 0
— du lilas, à. . . . .   5° 0
—· des pommiers, cerisiers, etc., à.   8° 0
— de la vigne, à. . . . . 10° 5
— du chêne, à. . . . . 12° 5

En grande culture, il n'est guère de plantes cultivées pour leurs bourgeons, à moins que l'on ne conserve ce nom aux cônes foliacés du houblon ; mais en horticulture le nombre en est plus grand. Tels sont certains choux, laitues, etc., telle est surtout l'asperge, dont on mange le bourgeon, ou *turion* en terme botanique. La médecine fait aussi usage de plusieurs bourgeons, de ceux des peupliers, des sapins, etc...

ARTICLE 3.

LES FEUILLES.

Les feuilles sont des appendices latéraux des tiges. Par leurs dispositions extérieures elles prêtent au végétal un concours mécanique. Par leur mode d'organisation, elles aident aux phénomènes de sa nutrition.

Comme nous le verrons à l'égard des fleurs, les feuilles, avant de se montrer existent toutes formées dans les bourgeons et la manière dont elles s'y trouvent ployées, toujours la même pour chaque espèce, est ce que l'on nomme la *préfloraison* ou *préfoliaison*. Linné nommait cet état *vernation* (de *Veris,* printemps.)

Ainsi, dans la fougère, elles sont roulées en crosses ; dans les arums, elles sont ployées en cornets ; dans la vigne, en évantail, etc...

La queue par laquelle les feuilles tiennent ordinairement aux branches, se nomme *pétiole*.

Ce sont les fibres de ce pétiole qui, en se divisant et s'écartant, forment ce que l'on nomme les côtes ou nervures. Les espaces restés libres entre ces fibres sont remplis par le *parenchyme*, substance dont nous parlerons plus tard.

Les feuilles ont deux faces ou pages.

L'une supérieure, couverte d'un épiderme plus lisse, plus vert est moins poreux.

L'autre inférieure, couverte d'un épiderme souvent garni de poil ou de duvet et beaucoup plus poreux.

Ces deux faces forment le limbe au disque de la feuille.

Considérées par rapport à leurs formes, les feuilles offrent de nombreuses variations que la botanique décrit et classe avec soin :

Elles sont surtout simples ou composées ;

Simples, comme dans le lilas, la vigne, etc... ;

Composées, ou admettant des folioles, comme dans le rosier, le pois, l'acacia commun, etc...

Par rapport à leur durée, on a :

Les feuilles persistantes, dont la chute et le renouvellement ne sont que partiels et successifs : l'yeuse, le pin, etc...

Les feuilles caduques, qui tombent toutes l'hiver, pour revenir au printemps.

Sous le rapport de leur structure intime, ou de leur anatomie, les feuilles offrent aussi un grand intérêt. Leurs fibres peuvent être parallèles, comme dans le froment, le maïs, etc..., ou ramifiées, comme dans la vigne, le platane, etc...

S'il arrive, par une opération quelconque, ou par le travail de certains insectes, que les feuilles aient été dépouillées de l'épiderme, ou peau, qui recouvrait leurs faces supérieure et inférieure; s'il arrive aussi que la matière parenchymateuse qui garnissait les intermédiaires de leurs fibres ait disparu, il ne reste plus que ces fibres : ce que dans l'ensemble, on désigne sous le nom de réseau fibreux.

Alors ce réseau offre des parties plus fortes plus saillantes, fournies directement par le pétiole, comme conséquence de sa division, de son écartement : ce que l'on nomme les nervures principales, celle surtout qui marque ordinairement le milieu de la feuille, et qu'il est presque toujours si facile de reconnaître sur sa face inférieure.

Alors aussi ce réseau offre une infinité de fibres, plus menues, plus délicates, suivant des directions qui varient selon les espèces et formant des mailles comme celles d'un filet, d'une dentelle.

On sait encore qu'après avoir été généralement vertes, les feuilles peuvent finir par présenter des teintes assez variées : rouge, jaune, noire, etc. ; souvent aussi de simples taches.

APPLICATIONS AU SUJET DES FEUILLES.

Les feuilles sont l'objet de la culture d'un grand nombre de plantes.

D'abord, de toutes celles qui nous fournissent le foin naturel ou artificiel.

C'est pour les feuilles que l'on cultive le tabac, (*Nicotiana tabaccum*, plante exotique de la famille des solanées et qui doit ses propriétés à un principe nommé *nicotine*.

Les feuilles sont aussi destinées, par la nature, à l'engraissement de la terre. Voilà pourquoi le défrichement des forêts donne toujours, dès le début, des terres très-productives ;

Pourquoi aussi le Code forestier défend l'enlèvement des feuilles qui tombent l'hiver. (*Code forestier*, titre X, art. 144.)

Les feuilles fournissent également à la médecine un grand nombre de remèdes.

Nous avons dit que les feuilles servaient à la plante pour l'accomplissement de plusieurs fonctions importantes de la vie qui lui est propre.

Ces fonctions, sur lesquelles nous reviendrons, sont l'absorption, l'exhalation, la respiration.

En outre, physiquement elles ont aussi une grande utilité.

Elles abritent d'autres organes, tels que la fleur, contre l'action souvent trop directe, de la chaleur, de la pluie, du vent, etc...

Elles protègent le fruit, surtout dans les premiers moments de sa formation, contre des atteintes analogues.

Protection que démontre l'effeuillage ; car l'agriculture use de cette pratique, pour la vigne, lorsque la saison, trop pluvieuse, trop humide, la prive d'un concours plus normal et inconstestablement bien plus favorable, celui du soleil.

Les feuilles sont évidemment destinées, par la nature, pour servir d'aliment àun grand nombre d'animaux, quadrupèdes, insectes, etc..., de même qu'aux hommes.

Ainsi s'explique leur abondance.

Ainsi s'explique aussi leur richesse, par rapport au principe essentiellement nutritif : l'azote.

Dans les plantes cultivées pour fourrages naturels ou artificiels, ces organes ne le cèdent, à ce point de vue, qu'aux fleurs et sont de beaucoup supérieurs aux tiges,

Ce fait, constaté par M. Isidore Pierre, pour le foin proprement dit, pour la luzerne, le trèfle, le sainfoin, etc..., nous est encore confirmé par les arbres auxquels on peut aussi emprunter des feuilles pour l'alimentation des animaux, par l'ormeau notamment.

A l'égard des plantes qui fournissent des teintures, c'est bien souvent dans les feuilles que nous les trouvons

Ainsi l'indigotier (*Indigofera*), légumineuse des climats intertropicaux, donnant une teintnre bleue, l'indigo.

Le pastel (*Isatis tinctoria*), crucifère indigène donnant également une teinture bleue.

La gaude (*Reseda luteola*), résédacée également indigène et donnant une teinture jaune.

Comme remèdes prescrits par la médecine, les feuilles son, grandement employées. A ce point de vue, un botaniste, M. A. Richard, les divise en émoliantes, amères ou toniques, excitantes, vireuses, purgatives.

ARTICLE 4.

LA FLEUR

La fleur est cette partie gracieuse du végétal qui renferme les organes de la reproduction et dont le but essentiel est d'assurer cette reproduction.

Avant de se montrer, la fleur, comme la feuille, se trouvait renfermée dans un bouton. Là, elle était rangée d'après des règles invariables pour chaque espèce, de manière à occuper le moins de place possible ; de manière à pouvoir, à sa sortie, s'épanouir sans retard et sans obstacle. Les botanistes donnent à cet arrangement le nom de *préfleuraison*, Linné le désignait par celui d'*estivation*.

Les modes de préfleuraisons sont nombreux, et nous nous bornerons à en citer quelques exemples.

Il y a la préfleuraison imbriquée : les pétales ou feuilles de la fleur, se recouvrant latéralement, comme dans le rosier, le pommier, le cerisier, le lin, etc...

La préfleuraison chiffonnée : les pétales ployés en quelque sorte sans ordre, comme dans le grenadier, le pavot, etc...

La préfleuraison tordue : les pétales tordus comme en spirale, dans l'œillet, la rose trémière, etc.

La préfleuraison enveloppante : les différentes parties des pétales se recouvrant les unes les autres, comme dans la giroflée, etc...

Des règles non moins fixes sont assignées *à l'inflorescence*, c'est-à-dire à la manière dont sont distribués, sur le végétal et selon les espèces, les pédoncules qui portent la ou les fleurs et ces fleurs elles-mêmes.

Dans leur ensemble, les inflorescences sont isolées ou en groupes : isolées, quand la fleur solitaire se voit à l'aisselle de certaines feuilles, c'est le cas de la pervenche dont l'inflorescence est dite axillaire ; ou quand cette même fleur termine un pédoncule, ou mieux, un pédicelle qui lui est spécial, c'est le cas de la tulipe, de l'anémone, dont l'inflorescence est dite terminale.

Quant aux inflorescences en groupes, les botanistes les divisent également en définies et indéfinies.

Dans la première division se rangent les inflorescences dites en cymes, terminées par une fleur qui
s'épanouit la première et successivement les autres : le troëne, le sureau, la pomme de terre, etc.

Dans la seconde, on a les inflorescences dites en
grappes ou thyrses : le marronnier d'Inde, le lilas, etc... En épis : le froment, le saule, etc... En
corymbes : l'achillée mille feuilles, etc... En om-
belles : le fenouil, la carotte, etc... En capitules :
les chardons, l'artichaut, etc...

L'épanouissement des fleurs est, comme celui de
l'évolution des feuilles, soumis aux lois de la température.

Il est des fleurs très-hâtives, il en est d'autres au
contraire qui attendent la fin de l'été ou de l'automne pour se montrer.

Généralement le printemps est la saison de la
floraisons des phanérogames; l'hiver au contraire
celle des cryptogames.

Le perce-neige (*Galanthus nivalis*), en patois
bergougnouse, montre ses fleurs blanches, dans nos
contrées, dès le mois de février ou le commencement de mars, et alors que la terre peut encore
être couverte de neige.

En 1830, le 14 janvier, par un froid qui mar-
quait encore 6° 0, M. Laterrade père, herborisant
dans la commune de Pessac, trouva en fleur la
graminée nommée petit agrostis (*Chamagrostis mi-*

nima). Il trouva encore, mais il s'agit ici d'une cryptogame, la mousse nommée *Hypnum seri-ceum*, offrant des urnes nouvellement formées.

En ce qui touche à sa composition particulière, pour le botaniste, la fleur est complète ou incomplète. Complète, quand elle réunit toutes les parties que nous allons énumérer. Incomplète, quand quelqu'une de ces parties vient à manquer.

Dans la fleur complète, on distingue cinq parties : le *réceptacle*, le *calice*. la *corolle*. les *étamines*, le *pistil*.

Le réceptacle est une sorte d'évasement, de grossissement, que présente, dans certaines espèces, le pédoncule ou queue de la fleur, quand il existe, et au point où repose celle-ci, comme dans le chardon, l'artichaut, le tourne-sol, etc..., plantes dans lesquelles le réceptacle est commun ou servant à plusieurs fleurs, Fig. 8, A.

Le calice est l'enveloppe extérieure de la fleur, qui s'ouvre pour la laisser paraître. Il doit son nom à sa ressemblance avec la coupe des anciens. Il se divise ordinairement au sommet et sa couleur est presque toujours verte, B.

La corolle, du latin *coronula*, petite couronne, C. est l'enveloppe immédiate des organes de la reproduction végétale, étamines et pistil, Elle se compose d'une ou plusieurs lames ou feuillets, de forme et de colorations très-diverses, selon les espèces a , a , a ; bien cependant que ces colorations n'aient pas toute la fixité nécessaire pour servir de caractère dans la classification botanique. Ce défaut est surtout capital , quand il s'agit des plantes cultivées par l'horticulture qui s'applique sans cesse à varier et à mêler ces colorations diverses.

Chez les plantes sauvages , il a été néanmoins possible de faire , sous ce rapport , des remarques assez curieuses.

Ainsi, en général , les fleurs blanches prédominent dans les régions froides. Dans les régions tempérées, comme sont les nôtres , les fleurs blanches et les fleurs jaunes paraissent se balancer. Enfin , à mesure qu'on se rapproche de l'équateur, ce sont les bleues , les rouges surtout qui se montrent les plus communes. Quant aux vertes et plus encore aux noires , elles sont rares partout.

Les *étamines* sont ces filaments plus ou moins nombreux , plus ou moins longs , plus ou moins déliés , qui se voient au centre de la fleur. On les considère comme les organes mâles des plantes.

Deux parties distinctes composent une étamine, fig. 9.

Le *filament* ou *filet* , qui peut cependant manquer quelquefois, A.

L'*anthère*, petite boîte qui surmonte le filet et renferme la poussière fécondante , ou *pollen* , B.

A part ces détails fondamentaux, rien n'est variable

comme la forme et le nombre des étamines chez les différentes espèces végétales.

Quant au pollen que nous venons de nommer, c'est la matière prolifique des végétaux. Le plus ordinairement à l'état de poudre jaunâtre ou blanchâtre, cette matière est formée par des corpuscules dont la forme est constamment la même pour chaque espèce végétale. L'anthère, qui le contient, est disposée de manière à lui donner un libre passage au moment où il doit se porter sur le pistil.

Le *pistil* est à son tour l'organe femelle du végétal.

Placé également au milieu de la fleur, il offre trois parties distinctes quand il est complet. (Fig. 10)

L'*ovaire*, qui renferme les ovules ou rudiments des graines, et qui est destiné lui-même à devenir le fruit. (A.)

Le *style*, prolongement resserré et cylindrique, joignant l'ovaire au stigmate. Ordinairement, et toujours sans doute, un canal existe d'un bout à l'autre du style. (B.)

Le *stigmate*, petit corps mamelonné, charnu, destiné à recevoir le pollen des étamines et à le transmettre à l'ovaire. (C.)

Le pistil varie aussi considérablement, selon les espèces, non quant à sa destination, qui est toujours la même, mais quant à sa forme, à sa fleur.

position et au nombre que peut en offrir une même

Un dernier fait à mentionner encore à l'égard de la fleur, c'est celui des odeurs auxquelles elle peut donner lieu, bien que ce ne soit pas la seule partie des plantes pourvue de cette propriété. Sous ce rapport également, voici comment, dans leur généralité, ces odeurs peuvent être classées.

1° L'odeur douce, agréable, suave (*odor fragrans*), la rose, la violette, le jasmin, le réséda, la vigne, etc.

2° L'odeur forte et aromatique (*odor aromaticus*), l'œillet, la giroflée, l'héliotrope, la flouve qui parfume le foin, etc.

3° L'odeur d'ambre, ou ambrosiacée (*odor ambrosiacus*) l'aspérule, l'anserine à odeur d'ambroisie, etc.

4° L'odeur d'ail (*odor alliaceus*), l'ail, l'alliaire, etc.

5° L'odeur puante, fétide, vireuse (*odor virosus*), la serpentaire, la jusquiame, etc.

6° L'odeur nauséeuse, fade, soulevant l'estomac (*odor nauseosus*), la stapélie, l'yèble, la tomate, etc.

Pour l'acte capital de la fécondation et de la perpétuation des espèces, les végétaux, comme les animaux, possèdent les deux sexes, ainsi que nous venons de le dire (1).

Le sexe mâle : l'étamine.

Le sexe femelle : le pistil.

Quand la fleur est complètement épanouie, que le temps est favorable à cette opération, le pollen, ou poussière fécondante des étamines se porte sur le pistil, pénètre dans l'ovaire et vient communiquer aux ovules la condition qui leur permettra de devenir des graines capables de germer et de reproduire l'espèce : il les féconde.

Alors la fleur a *noué*, en terme de pratique, et, devenue inutile, bientôt on la voit se flétrir et disparaître.

La fécondation est d'autant plus sûre et facile, que, pour la grande majorité des plantes, les organes des deux sexes, étamines et pistils, se trouvent dans la même fleur. Voilà pourquoi ces plantes sont dites *hermaphrodites.*

---

(1) La connaissance des deux sexes, mâle et femelle, chez les plantes, est due à la science moderne ; ce qui n'empêche pas néanmoins que dès la plus haute antiquité on l'avait au moins soupçonnée. Ce fait résulte des écrits d'un grand nombre d'auteurs, tels que Théophraste, Pline, etc.

Il résulte également de l'usage dans lequel étaient les Babyloniens, au dire d'Hérodote, de pratiquer la fécondation artificielle du dattier ; d'un usage analogue que pratiquaient aussi d'autres orientaux à l'égard du palmier.

Il en est cependant chez lesquelles les fleurs mâles, ou à étamines seulement, et les fleurs femelles, ou à pistils seulement, sont distinctes, mais réunies sur le même pied. Celles-ci sont dites *monoïques* ; ainsi, dans nos cultures, le maïs, le pin, le noyer, le noisetier, etc.

Enfin, il en est aussi chez lesquelles ces fleurs, et suivant leur sexe, se trouvent réparties sur des pieds distincts et séparés. Ces dernières sont dites *dioïques*. Tels sont le chanvre, l'épinard, le houblon, etc.

Ces dispositions diverses font comprendre, d'abord la grande facilité de la fécondation chez les plantes pourvues des deux sexes dans la même fleur, étamines et pistils ; chez les plantes hermaphrodites qui forment aussi le plus grand nombre.

Ainsi, pour le froment, qui compte trois étamines et un pistil dans chaque fleur, et dont la fécondation se trouve accomplie quand se montrent à l'extérieur les organes de cette fleur.

Ainsi, pour la vigne, qui compte cinq étamines et un pistil dans chaque fleur, et qui jouit aussi de cette fécondation hâtive. Un tel arrangement explique pourquoi le produit de ces plantes, éminemment utiles, est plus généralement assuré qu'il ne l'eût été par d'autres dispositions : ce qui révélerait une des vues providentielles les plus dignes d'attention.

Elles font comprendre aussi, ces dispositions diverses, pourquoi la fécondation peut être plus difficile chez les plantes monoïques ; pourquoi, enfin, et malgré le transport du pollen par le vent, les insectes, etc., elle peut souvent ne pas s'accomplir chez les plantes dioïques.

Enfin, elles font comprendre aussi pourquoi la quantité du pollen, émis par les étamines, augmente en raison de ces difficultés ; pourquoi elle est si abondante, même chez les plantes monoïques, qu'elle peut donner lieu, dans notre ville, lorsque les pins sont en fleur et qu'il survient une tempête de l'Ouest, à ce que le vulgaire désigne sous le nom de *pluie de soufre*.

La floraison du pin a lieu, année moyenne, le 20 avril. Voilà pourquoi encore c'est toujours vers cette époque de l'année que se manifeste le phénomène en question. Du 19 au 20 avril 1761, il tomba à Bordeaux une poudre fine, jaune et très-inflammable d'une épaisseur de 4 à 5 millimètres. L'épouvante fut grande, et ce fut à ce propos qu'un médecin en renom, J. Betbeder, publia une *Dissertation sur une pluie sulfureuse*, etc., dans laquelle il disait avoir cru reconnaître le produit d'un volcan récemment ouvert dans les Pyrénées. Bordeaux se crut menacé du sort d'Herculanum.

Ce phénomène s'est reproduit plusieurs fois

depuis , avec plus ou moins d'intensité , notamment le 22 avril 1800 et le 23 avril 1862.

En Allemagne , il est assez fréquent , comme conséquence des floraisons non-seulement du pin , mais de l'aulne , du bouleau , du noisetier , de certaines lycopodiacées , etc. (1).

Au surplus , c'est par une loi de la physique , commune à la lumière et au son , que se trouve réglée la propagation du pollen. « Comme la lumière qui part de la flamme d'une bougie (Fig. 11), il donne lieu à des rayons divergents , lesquels forment un cône dont le sommet correspond à l'anthère , et dont la base se projette au loin. Ainsi , plus le cône s'allonge , plus le pollen diverge et diminue en quantité dans le même espace. Cette diminution est en raison directe du carré des distances. »

APPLICATIONS AU SUJET DE LA FLEUR.

De ce qui précède , nous pouvons tirer quelques curieuses applications , même en nous bornant aux plus générales.

______

(1) C'est surtout le lycopode à massues (*Lycopodium clavatum*) , sorte de mousse très-commune sur les montagnes de la Suisse , de l'Allemagne , etc., qui est remarquable sous ce rapport. Lors de la floraison de cette plante , ses capsules répandent une abondante poussière fécondante , dite *fleu-*

D'abord, nous comprendrons ainsi la grande tendance qu'ont certaines plantes cultivées de revenir au type naturel , de dégénérer.

Les maïs d'Amérique , de grosseurs et de couleurs diverses, introduits dans nos contrées, ont bientôt perdu de leurs dimensions et vu leurs couleurs se mélanger et s'effacer de plus en plus.

Les très-beaux chanvres venus du Piémont et cultivés dans la plaine de la Garonne , ont également pris rapidement les caractères de ceux dont ils étaient voisins, dont ils pouvaient recevoir le pollen.

Le maïs est une plante monoïque. Le chanvre, une plante dioïque.

De la sorte, nous comprenons aussi, et sans nous occuper des moyens plus ou moins ingénieux que comporte cette curieuse pratique en horticulture, la possibilité de l'*hybridation* artificielle, c'est-à-dire du mélange, entre espèces distinctes , des poussières fécondantes , de manière à produire de nouvelles variétés de fleurs principalement.

Les hybrides sont les bâtards de la végétation (*hybris* en grec signifie bâtard). Il sont comme les mulets dans le règne animal.

---

de soufre. Cette poussière, ramassée avec soin , sert à des usages médicaux et autres. Ainsi on en consomme beaucoup dans les théâtres , pour imiter, par son inflammation subite, les éclairs et autres effets analogues.

Une autre remarque bien importante doit encore être faite. Elle est relative à la possibité, pour l'horticulture, d'amener certaines plantes à convertir en pétales tout ou partie de leurs organes mâles *(étamines)*, au grand avantage de la beauté de ces fleurs.

La rose qui a pour type naturel une des espèces sauvages que nous voyons croître dans nos haies, principalement l'églantier ou rosier des chiens, *(Rosa canina)*, a produit ainsi un nombre considérable de variétés.

Dans l'état de nature, la rose est simple et ses pétales ne sont qu'au nombre de cinq; mais ses étamines qui sont en nombre indéfini se changeant par la culture en pétales, il en est résulté les belles variétés que nous présente cette fleur. Il en a été de même pour la giroflée, le dalhia, etc...

Lorsque le changement des étamines en pétales, n'est que partiel et que la fécondation peut encore avoir lieu, par les étamines qui restent, la fleur est dite *double*.

Mais lorsque ce changement est total et que la plante ne peut plus donner de graines fécondes pour sa reproduction, qui ne se fait plus dès-lors que par la bouture et la greffe, la fleur est dite *pleine*.

Le changement des étamines en pétales, d'où résultent les fleurs doubles et pleines, empêchant

la fécondation, assure aussi une plus longue durée
à ces fleurs : le but de celles-ci étant, comme
nous l'avons dit, cette fécondation, et leur flétris-
sure ayant lieu dès qu'elle est accomplie.

La production des fleurs, leur embellissement
successif, est le but essentiel d'une branche de
l'exploitation agricole à laquelle on a donné le nom
spécial d'horticulture et, plus spécial encore, de
floriculture.

En grande culture, il n'est guère que le safran
(*Crocus sativa*) que l'on cultive d'une manière toute
spéciale, pour sa fleur, notamment dans une contrée voisine d'Orléans et nommée le Gatinais. Ce
que l'on cueille, c'est le stigmate ou partie supérieure du pistil de cette plante, très-odorant et qui
devient ainsi un *condiment* très-recherché.

Enfin ce sont aussi les fleurs principalement qui
fournissent aux arts les huiles essentielles dont on
use sous le nom commun d'essences ; dans les en-
virons des villes de Grasse, de Cannes, d'Antibes,
de Nice, de Monaco, etc.., c'est l'agriculture qui
procède aux grandes cultures de rosiers, de jas-
mins, de violettes, d'orangers etc., nécessaires à
ce genre de fabrication. On jugera de l'importance
de ces cultures, lorsqu'on saura que les roses à
cent feuilles, les plus habituellement employées
pour cela, donnent au plus 30 grammes d'essence
pour 100 kil. de pétales : un peu moins de $\dfrac{1}{3,000}$.

Nous ne saurions abandonner le gracieux sujet des fleurs, sans rappeler qu'elles sont, par le pollen, qu'elles renferment, la source des précieux produits des abeilles. « Ce pollen, fourni par l'anthère des étamines d'un grand nombre de plantes, s'attache d'abord naturellement aux poils qui recouvrent le corps de l'abeille; il est ensuite balayé au moyen des tarses des jambes, et surtout par la brosse qu'on distingue à la troisième paire. L'insecte parvient à réunir cette poussière en petits globules, déposés successivement par la deuxième paire de pattes dans la *corbeille* (petit creux existant dans la troisième paire de pattes), jusqu'à ce que celle-ci en soit bien garnie, etc... (1). »

Pline assure que tous les arbres et toutes les plantes en général et à peu d'exception près, peuvent offrir aux abeilles les matières dont elles composent leur miel et leur cire. Il ajoute que ces ingénieux insectes travaillent dans une circonférence de soixante pas et que, à mesure que les fleurs sont épuisées, ils envoient des éclaireurs pour reconnaître de nouveaux pâturages. Il dit encore : « Au reste, c'est pendant le solstice, lorsque le thym et la vigne commencent à fleurir, que leur cellules sont le mieux approvisionnées (2). »

---

(1) *Diction. univ. d'hist, nat.* T. 1. p. 5.
(2) *Hist. nat.* L. XI ch 8. 14.

Virgile qui consacre aux abeilles tout un chant de ses *Géorgiques*, va jusqu'à conseiller de préparer à ces insectes des champs spéciaux :

Toi-même, pour fixer leurs folâtres humeurs,
Parfume tes jardins des plus douces odeurs,
Ombrage de pins verts les dômes qu'ils habitent!...
Que les vapeurs du thym au travail les invite...

Il convient de remarquer en effet que c'est, sinon sous les pins, au moins en compagnie de ces arbres, que croissent, dans la lande, les huit espèces de bruyères que compte la flore de ce pays et sur les fleurs desquelles les abeilles cueillaient le miel le plus fin et le plus délicat, avant les grands travaux de semis qui ont été entrepris.

ARTICLE 5.

LE FRUIT ET LA GRAINE.

Pour le botaniste, et rigoureusement parlant, le fruit est, après sa fécondation, cette partie inférieure du pistil que nous avons nommée ovaire, et qui devient particulièrement apparente quand la fleur a *noué*, qu'elle s'est flétrie, qu'elle est tombée.

Par rapport au calice qui soutenait la fleur, le fruit, et comme l'ovaire lui-même, peut se trouver au-dessus de ce calice et être *supère* ou au-dessous, et être *infère*.

Le fruit supère ne porte à son sommet aucune trace, aucun débris du calice, aucune dépression sensible : tous ces indices se trouvant au contraire à sa base.

Ainsi la cerise, qui est un fruit supère (Fig. 12), non-seulement se trouve dans ce cas, ce qui prouve que ce fruit a pris la place de la fleur qui ne pouvait être qu'au-dessus du calice, mais encore il n'est pas rare de voir à sa base, retenus par ce qui était le pédoncule de cette fleur, les pétales flétris et desséchés qui en faisaient partie.

Dans la pomme, au contraire, fruit infère (Fig. 13), il existe toujours, au sommet, une forte dépression dans laquelle peuvent se voir encore quelques débris de la fleur au-dessous de laquelle est venu ce fruit, et toujours des débris plus durs et plus persistants du calice (A).

Parmi les fruits dont nous faisons plus ordinairement usage, sont :

Supères, la cerise, la prune, la fraise, la framboise, la pêche, l'abricot, le raisin, la figue, etc...

Infères, la pomme, la poire, le coing, la nêfle, la groseille, le melon, le concombre, etc....

Le volume du fruit est très - variable et ne répond pas toujours au développement et à la force des plantes qui le portent, contrairement à ce qu'aurait voulu l'homme de la fable, *Le Gland et la Citrouille* :

Tel fruit, tel arbre pour bien faire.

Sans parler de certaines parties accessoires, comme la cupule du gland, ou l'enveloppe épineuse de la châtaigne, trois parties essentielles constituent le fruit, ou péricarpe des botanistes, considéré de l'extérieur à l'intérieur :

1° L'épiderme, ou peau *épicarpe* (du grec *sur*), enveloppe extérieure ;

2° La chair, ou la partie moyenne du fruit, *mésocarpe* (du grec *milieu*); en réalité, c'est le fruit proprement dit, au moins ce que l'on mange habituellement sous ce nom ;

3° La cavité plus ou moins dure, plus ou moins ligneuse, qui renferme et protége immédiatement la ou les graines, *endocarpe* (du grec *en dedans*). C'est le noyau dans les fruits qui en sont fournis, ou ces lames dures et coriaces, comme dans la pomme, la poire, etc.

Le péricarpe est donc, dans son ensemble, l'enveloppe de la graine ; l'organe que la nature a donné à celle-ci pour la protéger dans sa fécondation, dans son développement et dans les changements qu'elle doit subir, pour arriver à sa maturité complète.

Le péricarpe est donc aussi ce que certaines

espèces nous donnent dans des conditions telles que nous pouvons le consommer comme aliment, sous le nom de fruit proprement dit.

Considérés à ce point de vue, les différentes sortes de péricarpes, ou de fruits, peuvent être répartis en un certain nombre de divisions et de sous-divisions générales. Ainsi, on a :

1° Les péricarpes mous, charnus, etc., dans lesquels sont compris :

La *drupe*, ou fruit à un seul noyau : pêche, abricot, cerise, noix, amande, etc. (1).

La *pomme*, ou fruit à pepins : pomme, poire, coing, etc.

La *baie*, autre fruit à pepins : raisin, groseille, orange, etc.

2° Les péricarpes secs, dans lesquels sont compris, indépendamment d'une foule d'autres formes qui ne sauraient rentrer dans les fruits proprement dits, la *gousse* : haricot, fève, pois, etc.

3° Les péricarpes ligneux, ou ayant une consistance dure comme celle du bois, dans lesquels sont compris :

---

(1) En comprenant la noix, l'amande, etc., parmi les drupes, les botanistes considèrent principalement que ces fruits ont, comme la pêche et l'abricot, une enveloppe charnue (le brou de la noix), qu'on ne mange pas il est vrai, et un noyau unique s'ouvrant naturellement lors de la germination de la graine, seule partie mangée.

La *nucule* ou noix proprement dite, ayant pour caractère capital de ne pas s'ouvrir naturellement et de se montrer munie d'une enveloppe extérieure totale ou partielle : noisetier, gland, etc.

Le *cône* ou *strobile*, assemblage d'écailles ligneuses disposées en recouvrement autour d'un axe commun, ayant chacune, à sa base, une graine dont on consomme le contenu sous le nom de pignon, notamment pour le pin.

Bien qu'au dire des botanistes, il n'y ait pas de graines sans péricarpe, de plantes sans fruit, de graines nues, dans grand nombre d'espèces néanmoins ce péricarpe est tellement réduit, tellement mince, qu'on peut considérer ces espèces comme donnant des graines, mais non des fruits. Ainsi les graminées, le froment, le seigle, etc.....

Dans d'autres, le péricarpe existe, il est vrai ; il enveloppe et défend la graine, comme dans la noix, la pomme de pin, etc...., que nous venons de nommer ; mais il a des propriétés qui ne permettent pas de le manger, ou il est d'une dureté telle qu'il ne peut plus être consommé comme fruit.

Les graines sont considérées comme faisant partie du fruit, ou si l'on veut, le fruit comme faisant partie des graines ; c'est effectivement pour les graines, pour leur servir d'enveloppe, qu'existe le péricarpe, cette portion du fruit à laquelle, dans le langage ordinaire, ce nom de fruit est uniquement réservé.

Nous étant déjà occupé des graines dès le début de ces principes élémentaires, nous ne reviendrons pas sur ce sujet; si ce n'est pour faire observer de nouveau que la graine est effectivement, tout à la fois, la cause et la conséquence de la vie végétale, que cette vie, d'abord produite par la graine, a pour mission à son tour la reproduction de cette même graine.

APPLICATIONS AU SUJET DU FRUIT ET DE LA GRAINE

Bien que le fruit paraisse spécialement destiné à nourrir et à protéger la graine, et qu'ainsi, pour la nature, il n'y ait dans sa formation qu'une œuvre secondaire, néanmoins, déjà à l'état sauvage, le fruit peut avoir de la valeur comme aliment, tant pour les animaux que pour l'homme.

Cette valeur devient bien plus grande encore et occupe le premier rang dans les travaux de la culture, quand il s'agit des plantes nombreuses auxquelles cette culture applique ses soins uniquement pour leurs fruits, comme les arbres fruitiers en général, la vigne, l'olivier, etc... : alors que, par des moyens nombreux et principalement par la taille, ces fruits, presque toujours au détriment de la graine, peuvent acquérir, en quantité et en qualité les plus grands avantages.

Les phénomènes de la *maturation* et de la *maturité* des fruits et des graines, les règles de leur récolte et de leur conservation, seraient autant de sujets bien dignes d'attention, mais que nous ne pouvons mentionner ici qu'en partie et d'une manière rapide.

Par maturation, mot composé du verbe latin *maturare* mûrir et de *actio*, action, action de mûrir, on entend le travail principalement chimique d'élaboration de la sève; le changement des matériaux accumulés, dans le carpe, d'abord acerbes et acides, puis sucrés, parfumés, etc...: travail qui commence dès que le fruit a acquis le volume qu'il doit avoir, dès qu'il se colore diversement, et dure, jusqu'à la parfaite formation de l'embryon contenu dans la graine.

Par maturité, on entend l'état où sont arrivés, par les phénomènes ci-dessus, le carpe et la graine : état dans lequel le fruit peut être consommé; état dans lequel la graine peut être récoltée, avec toutes les conditions de conservation et de germination, jusqu'au printemps et au-delà

Si, pour le fruit, cette consommation n'a pas lieu, non plus que, pour la graine, cette récolte, alors le carpe, ou fruit, tend à se pourrir, à se dessécher, ou à tomber ; ou bien encore et par quelqu'un des moyens que nous avons déjà signalés, à disséminer les graines qu'il renferme.

Certains fruits charnus d'automne, poires, pommes, etc..., n'acquièrent la maturité qui les rend mangeables, que quelque temps après qu'on les a cueillis, ou qu'ils sont tombés d'eux-mêmes. La seconde maturation, en quelque sorte, qui se fait en eux pendant ce temps, est celle qu'exige plus particulièrement leur consommation comme aliment.

Quelques autres même, comme les cormes, les nèfles, peuvent passer encore par une troisième sorte de maturation, par laquelle la pulpe perd sa consistance et prend une teinte brune plus ou moins foncée : c'est ce que l'on nomme le *blétissement*, ou *blossissement* ; alors les fruits sont *blets*. Passé ce dernier terme, ces fruits arrivent à l'état de fermentation acide et bientôt se putréfient complètement.

En résumé, le grossissement du fruit, résultat d'une fleur qui n'a pas *avorté* ; du fruit dont la graine qu'il renferme a été fécondée et qui a *noué* ; du fruit enfin qui n'a pas *coulé*, c'est-à-dire qui ne s'est pas flétri et desséché dès son apparition ; le grossissement de ce fruit, disons-nous, et les phénomènes de la maturation, ont pour cause extérieures et apparentes, les deux capitales causes déterminantes de la végétation : la chaleur et l'humidité.

La chaleur et l'humidité, considérées d'abord,

l'une et l'autre, séparément et dans leurs actions isolées et absolues ;

La chaleur et l'humidité, considérées en second lieu, réunies, et dans leur action collective et relative.

La vigne va nous fournir la démonstration de ces faits.

Année moyenne, sous le climat de la Gironde, cette plante est en pleine floraison le 10 Juin.

A ce moment le verjus, dont la fécondation de l'ovaire par la poussière des étamines a assuré la formation, commence à grossir, et ce grossissement dure jusqu'au 15 Août, c'est-à-dire 67 jours. Alors un autre phénomène succède à celui qui vient de s'accomplir, le phénomène de la maturation. Celui-ci est annoncé par le changement de couleur du grain de raisin, par la *véraison* (1), et dure, à son tour, jusqu'au 25 Septembre, c'est-à-dire 41 jours,

Pour l'accomplissement du premier phénomène, celui du grossissement du verjus, ce verjus, toujours en moyenne, a subi :

------

(1) Cette expression, toute locale, sert à désigner le changement de couleur que subit le raisin au moment de son entrée en maturation : c'est le signe extérieur du commencement de ce nouvel état. Pour le raisin blanc, il se produit bien aussi un changement de couleur, mais ici un autre signe de *véraison*, c'est aussi la transparence de plus en plus grande des grains du raisin.

Une température quotidienne, de   20° 8

Une température totale, de... 1,396° 6

Une humidité quotidienne, de.. 1^{mil} 7 (1)

Une humidité totale, de...... 117^{mil} 2

Pour l'accomplissement du second phénomène, celui de la maturation du grain de raisin, ce grain a subi :

Une température quotidienne, de   19° 2

Une température totale, de....   787° 6

Une humidité quotidienne, de.. 2^{mil} 5

Une humidité totale, de...... 104^{mil} 7

Voilà, pour les actions directes et absolues, de chacun des agents essentiellement déterminants de la vie des plantes. Ces actions, de part et d'autre, c'est la quantité qui les règle.

---

(1) On sait que l'appréciation que fait le thermomètre, de la chaleur atmosphérique, s'exprime par degrés. Ici, ce sont des degrés du thermomètre centigrade.

Quant à la quantité d'humidité, ou d'eau fournie par les pluies, le pluviomètre les apprécie par millimètres; c'est-à-dire qu'il fait connaître quelle est, ou quelle serait si elle restait sur le sol, comme elle reste dans un vase quelconque, l'épaisseur de la couche d'eau fournie par une ou plusieurs pluies.

Enfin, par humidité quotidienne on entend la part d'eau faite à chaque jour d'une année, d'une saison, ou d'un mois, par les pluies tombées pendant chacune de ces durées et uniformément partagée entre chaque jour.

Quant à l'action combinée et relative de ces mêmes agents, c'est bien toujours la quantité qui en fait le fonds, mais elle consiste surtout dans les différences nombreuses de leurs rapports mutuels selon les saisons et les mois : différences qui ne sont pas toujours bien considérables, mais suffisantes cependant, sous la puissante main de la nature, pour assurer des phénomènes aussi distincts que ceux de la formation du fruit et de la maturation de ce fruit.

Cette maturation est donc, sous l'influence des causes naturelles que nous venons de signaler, la transformation des substances diverses déjà accumulées dans l'intérieur du fruit; la production, par suite de ces changements, du sucre incristalisable, ou *glucose* (1), qui finit, quand arrive la maturité, par dominer, associé à certaines proportions des acides précédents : le tout relevé par un arome plus ou moins prononcé et plus ou moins agréable, selon les espèces.

Mentionnons encore, dans les fruits mûrs de nos

---

(1) Le glucose est une matière des fruits mûrs, que l'on voit apparaître en concrétions blanchâtres et farineuses à la surface de certains fruits conservés, comme les prunes, les figues, les raisins, etc... C'est une sorte de sucre, mais inférieur au sucre ordinaire, qui sucre deux fois et demie plus que le glucose.

arbres fruitiers, une matière mucilagineuse, analogue à la gomme, qui se prend en gelée, comme on le voit dans les préparations de ce dernier nom faites avec les groseilles, les coings, les pommes, etc... Cette matière, c'est la *pectine*.

Pour ce qui regarde la graine, faisons remarquer que c'est aux mêmes causes, ci-dessus signalées, qu'est due sa maturité; ou plutôt, aux yeux de la nature, c'est cette dernière maturité surtout que se proposent ces causes. Ici encore l'homme, par son industrie et son application, a su faire violence à cette nature et la contraindre, même bien souvent au détriment de la graine, à favoriser de préférence ce qui n'était pour elle qu'un accessoire de cette même graine.

La valeur économique des fruits et des graines est trop connue pour avoir besoin d'une longue démonstration. Grand nombre de fruits sont une alimentation aussi agréable que saine. Le raisin fournit le vin, la pomme le cidre, l'olive l'huile, etc..; certains, comme la citrouille, peuvent être employés comme fourages. Quelques-uns servent de remèdes; il en est d'autres aussi, comme celui de la belladonne (*Atropa belladona*) que malheureusement on peut confondre avec la cerise des bois, celui du mancenilier, etc..., qui sont des poisons violents.

La valeur économique des graines est encore plus grande, et l'on peut comprendre ainsi les soins tous spéciaux de la nature pour leur formation et leur multiplication. Celles des graminées - céréales en général, blé, seigle, maïs, riz, etc., sont la base de l'alimentation des hommes ; celles des légumineuses, fèves, haricots, pois, etc..., sont aussi, sous ce rapport, d'une immense ressource, ainsi qu'une foule d'autres que nous pourrions citer, indigènes et exotiques. Nous leur devons encore les huiles diverses, ainsi que de précieux condiments et de nombreux remèdes.

Enfin à l'égard du fruit encore, faisons remarquer que sa production, avec toutes les qualités brillantes qu'il peut réunir, acquiert d'autant plus d'importance, qu'on s'avance davantage vers les climats du Midi. Ainsi s'explique, pour ces contrées, la culture en grand des espèces fruitières, celle de la vigne dans laquelle nous avons une si large part ; celle du prunier, etc..; tandis, au contraire, qu'en s'avançant vers le Nord, largement indemnisé il est vrai à d'autres points de vue, en Ecosse, en Suède, en Norwége, etc... ce n'est plus que sous des abris de verre, dans des serres et d'une manière artificielle que l'on peut espérer obtenir des fruits de qualité passable.

Et, aussi, pour les contrées méridionales en général, où le fruit a une valeur hygiénique toute particulière, ce n'est pas pendant la saison de l'hiver qu'il nous est offert, nous ne pourrions alors apprécier toute cette valeur ; ni même pendant celle du printemps qui ne nous la ferait pas encore suffisamment comprendre ; mais pendant celles de l'été et de l'automne, alors que domine la chaleur, que nos corps en sont fatigués, qu'ils ont besoin d'aliments plutôt agréables que toniques, plutôt rafraîchissants que fortifiants.

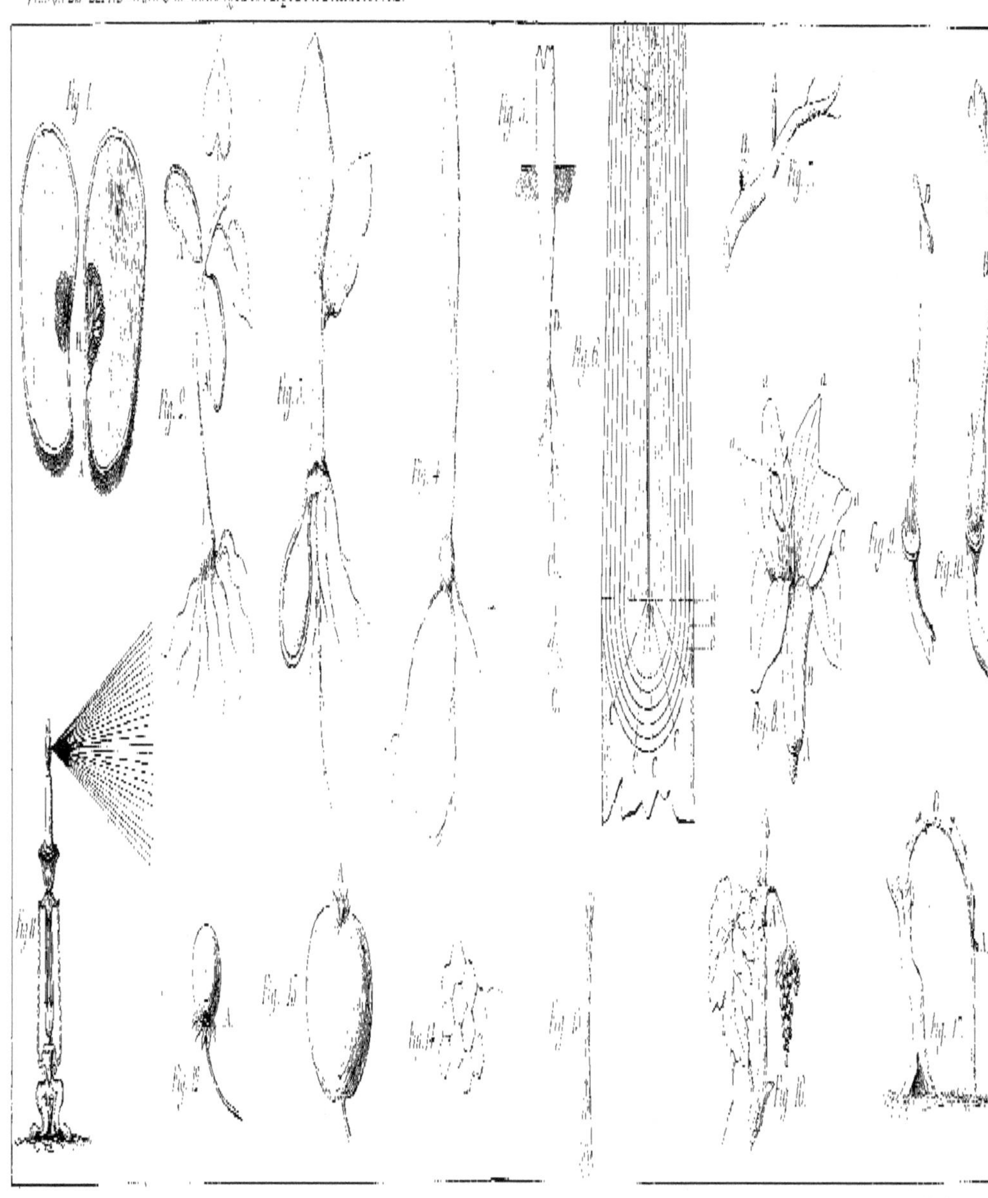

DEUXIÈME PARTIE .

ORGANISATION ÉLÉMENTAIRE DES PLANTES

Jusqu'ici, en nous occupant de ce que nous avons nommé *organes fondamentaux des plantes*, nous nous sommes borné à la description des parties diverses de cette classe d'êtres dont les formes et les dispositions sont faciles à saisir, sans pénétrer dans leur intérieur, sans rechercher les bases de leur organisation élémentaire, le mécanisme et les lois de la vie qui leur est propre.

Non-seulement la connaissance de cette organisation et de cette vie peut être pour nous d'un très-grand intérêt; mais encore, elle nous est indispensable, pour l'opportunité des soins à donner aux plantes, pour l'intelligence et l'accomplissement d'une foule de pratiques que comporte leur culture.

Dans la première partie de ce traité, nous avons fait de l'*organographie végétale*; dans la seconde, nous allons faire de la *physiologie végétale*, toujours en nous bornant aux faits les plus élémentaires, les plus nécessaires à connaître.

ARTICLE Ier.

ÉTAT DE LA MATIÈRE CONSTITUTIVE DES PLANTES.

Comme pour les animaux, la science a dû se demander quelle était la forme et même la nature de la matière constitutive des plantes.

Sous ce premier rapport, celui de la forme, les physiologistes reconnaissent, comme base élémentaire de la matière végétale, ce qu'ils nomment le *tissu cellulaire* ou *parenchyme*. « Le tissu cellu-
» laire est un tissu membraneux, formé par un
» grand nombre de cellules ou cavités closes de
» toutes parts ; l'écume de la bière ou un rayon de
» miel en donnent une idée grossière, mais assez
» exacte. Chaque paroi d'eau ou de cire représente
» la membrane, et la place de l'air ou du miel donne
» l'idée des cavités ou cellules. » (DE CANDOLLE.)

La moelle du sureau, du jonc, etc..., présente ces cellules ou utricules dans leur état le plus simple (Fig. 14). Partout ailleurs la gêne, la pression qu'elles ont éprouvées ont pu les éloigner de leur forme primitive. On les reconnaît facilement dans grand nombre de fruits, et il est des végétaux, comme les champignons, qui en sont complétement formés.

Pour ces derniers, on remarquera qu'il est possible de les rompre dans tous les sens, comme on romperait de la mie de pain ; tandis que pour les autres, ceux dont l'organisation fondamentale est plus compliquée, cette facilité, comme nous le verrons, ne peut plus être la même.

C'est dans les cellules du tissu cellulaire a , a , a, que se trouvent renfermés ce que l'on nomme les *produits immédiats* de la végétation , c'est-à-dire que l'on y rencontre tout formés , comme la fécule, le sucre, l'huile, etc., et qu'il ne s'agit que d'en extraire : voilà pourquoi cette extraction exige toujours le déchirement ou l'écrasement de la matière végétale.

En résumé, on pourrait presque dire, du tissu cellulaire, qu'il est la chair des végétaux ; la matière à laquelle son organisation permet d'occuper et de remplir, chez l'individu végétal, les places laissées vides par les fibres diverses qui assurent, comme les os chez les animaux, la solidité de ce même végétal.

Par une transformation, qui est l'œuvre de la vie des plantes, ce même tissu cellulaire donne lieu à un autre tissu, dit *tissu fibreux*, c'est-à-dire à ces fibres ou filaments que l'on trouve dans l'écorce, dans le bois surtout qui font la solidité et la dureté de ce dernier, constituent ce que l'on nomme le *fil du bois*, et font qu'il n'est possible de fendre ce bois que dans le sens de ces fibres : ce qui n'a pas lieu, nous venons de le voir, pour les végétaux, ou parties de végétaux, uniquement composés de tissu cellulaire.

Dans certaines espèces de bois blancs et tendres, particulièrement dans celui du pin, il est facile, même à l'œil nu, de reconnaître les fibres ou plutôt les faisceaux de fibres, car elles sont toujours réunies en grand nombre, à leur teinte plus foncée, à leurs mailles plus serrées, à leur direction verticale, à leurs dispositions parallèles (Fig. 15.).

Il donne lieu encore, le tissu cellulaire, la cellule ou utricule dont il est formé, à un troisième tissu dit *tissu vasculaire*, offrant des tubes ou vaisseaux de capacités et de formes diverses dans lesquels circulent, montent, descendent ou se répandent latéralement selon les cas, les fluides divers que l'on trouve dans les plantes.

Ces vaisseaux sont en communication avec l'extérieur, soit par les spongioles ou extrémité des racines, soit par les *stomates* ou pores corticaux qu'offre l'épiderme, ou enveloppe extérieure de l'écorce.

Parmi ces mêmes vaisseaux de formes et de destinations diverses, il en est deux espèces surtout qu'il importe de signaler.

Celle des vaisseaux dits *vaisseaux séveux* ou *lymphatiques*, parce que la sève prend aussi le nom de lymphe, et parce qu'ils servent au mouvement ascensionnel de ce liquide. Leur forme paraît être fort simple, ainsi du reste qu'elle est représentée par plusieurs physiologistes et que l'indique la Fig. 16.

Celle des vaisseaux dits *vaisseaux propres* ou *vaisseaux du latex*, parce que leur emploi est de conduire la sève dans son mouvement descendant, après avoir été convertie, par des phénomènes que nous constaterons ci-après, en sucs particuliers des végétaux, ou *sucs propres*. Les caractères de ces derniers vaisseaux ne paraissent pas différer assez de ceux des premiers pour qu'il soit nécessaire de leur consacrer une figure particulière.

Sans pousser plus loin des détails qui nous paraissent suffisants pour les explications que nous avons en vue, nous nous bornerons, en ce moment, à deux remarques, desquelles, plus tard, nous aurons à tirer des conséquences très-importantes.

En premier lieu, c'est, comparée à celle des animaux, la grande simplicité de l'organisation des plantes ;

En second lieu, c'est l'uniformité de cette organisation, dans toutes les dépendances de cette dernière classe d'êtres ;

ARTICLE 2.

FONCTIONS DIVERSES QUI ASSURENT LA VIE DES PLANTES.

Comme pour les animaux, la vie, pour les plantes, se résume en deux actes capitaux :

1° La nutrition ou conservation de l'individu ;

2° La reproduction ou conservation de l'espèce.

Entre la nutrition des animaux et celle des plantes, il y a une ressemblance tellement grande, qu'au fond, on peut dire qu'elle est la même et qu'elle ne diffère que par la forme, par ses moyens d'accomplissement.

Effectivement, chez ces deux classes d'êtres, ce sont les mêmes matières et de même provenance, qui fournissent à cette nutrition. Ce sont les matières qui ont déjà servi aux deux règnes organisés, animaux et végétaux, qui ont fait partie de la matière dite organique.

C'est sur ces matières que l'animal, comme le végétal, exercent une extraction des substances qui doivent particulièrement les nourrir.

Pour cela, l'animal, plus favorisé, a un estomac, ce qui lui permet d'admettre directement dans son intérieur, les matières solides et liquides dont il se nourrit : des organes spéciaux se chargeant du soin de l'extraction à leur faire subir, en quelque sorte à son insu et sans qu'il ait besoin pour cela de suspendre ses autres fonctions de l'existence, notamment celle de la locomotion.

Le végétal, au contraire, est privé d'estomac ou plutôt, c'est la terre dans laquelle plongent ses racines qui est son estomac ; la terre, dans laquelle aussi se trouvent les matières organiques, débris d'animaux et de végétaux, qui peuvent fournir à son existence ; que la nature y a mises d'abord et que la culture est obligée d'y entretenir par les engrais.

Pour lui, il lui est absolument impossible de les faire pénétrer solides dans son intérieur. Ce n'est que complètement dissoutes dans l'eau ou à l'état de gaz qu'il peut y admettre les substances qu'elles doivent lui fournir et qui sont vraiment ses aliments : carbone, hydrogène, oxigène, azote quelquefois : raisons de son assujettissement étroit à la terre, de sa *non-locomovibilité*

La plante emprunte en outre à la terre, de la même manière et dans les mêmes conditions, non pour se nourrir, mais pour assurer sa solidité, en quelque sorte son système osseux, une certaine proportion des substances qui constituent celle-ci : silice, chaux, alumine, potasse, fer, etc.

Les premières substances mentionnées, celles fournies par la nature qui a vécu, la nature organique sont destructibles par le feu ; ce sont celles qui disparaissent dans l'acte de la combustion du végétal.

Les secondes, au contraire, sont indestructibles par le feu ; ce sont celles qui restent après l'acte de la combustion du végétal, qui forment la cendre.

Quatre phénomènes distincts ou fonctions principales résument, quant à sa forme, la nutrition des plantes et constituent par leurs actions, la vie propre à chaque individu de cette grande classe d'êtres : l'*absorption*, la *circulation* de la sève, la *transpiration*, la *sécrétion*

A. *Absorption.* — Les racines, organes principaux de l'absorption, ne peuvent laisser pénétrer dans le végétal, nous venons de le voir, les substances alimentaires, autrement que complètement dissoutes dans l'eau et avec cette eau qui leur sert de véhicule.

Ainsi, le carbone qui lui est si utile, ne peut pénétrer non plus qu'à l'état de gaz acide carbonique ; c'est-à-dire invisible, impalpable, l'eau ayant alors la propriété d'en dissoudre jusqu'à un volume égal au sien.

Cette eau ainsi chargée, malgré sa limpidité et sa transparence(1), des substances alimentaires de

---

(1) Ainsi la sève de la vigne, que l'on qualifie de *pleurs* et que l'on voit dès les premières tiédeurs du printemps suspendue, claire et limpide, aux sarments taillés, **M.** Regimbeau y a trouvé : du bitartrate de potasse ; — du tartrate de chaux ; — du mucilage; — de l'acide carbonique libre.

(***Journal de Pharmacie***, L. xlvii, p, 6).

la plante, c'est la sève, la lymphe, l'humeur de cette plante (*humor plantarum*).

B. *Circulation de la sève.* — Par une cause aussi difficile à assigner que celle qui l'y fait entrer ; par la volonté de CELUI qui seul peut donner la vie aux êtres qu'il a crées, la sève tend à monter dans le végétal ; et la terre, ici encore, malgré toutes les apparences, et comme le lui fait dire le poète, n'est qu'un simple agent de cette volonté suprême :

> Est-ce moi qui produis mes riches ornements ?
> C'est Celui dont la main posa mes fondements.
>
> . . . .
>
> Contemple simplement l'arbre que je fais croître,
> Mon suc dans la racine à peine répandu,
> Du tronc qui le reçoit à la branche est rendu :
> La feuille le demande, et la branche fidèle,
> Prodigue de son bien, le partage avec elle (1).

On doit à plusieurs naturalistes, et notamment à Halles, des expériences ingénieuses, tendant à démontrer la force prodigieuse qui détermine l'ascension de la sève (2).

---

(1) Racine le fils : *La Religion*, chant Ier.

(2) Le physicien Halles trouva que dans la vigne, par exemple, la force de propulsion de la sève est cinq fois plus grande que celle qui chasse le sang dans l'artère crurale d'un cheval et qu'elle est égale à la pression d'une colonne d'eau de 15 mètres 780 de hauteur.

Bien que cette ascension continue pendant toute la belle saison elle est surtout active à deux époques de l'année : au commencement du printemps et vers le milieu de l'été. C'est ce que les jardiniers nomment, l'une la *sève du printemps*, l'autre la *sève d'août.*

C'est par les couches les plus externes du bois, par celles de l'aubier que monte la sève. Les vaisseaux qui servent à son ascension n'ayant pas éprouvé encore, dans cette partie du végétal, la pression qui tend le plus à les oblitérer dans les couches plus anciennes.

Après avoir subi dans les feuilles les transformations que nous signalerons ci-après, cette sève descend, au moins en partie, et c'est ce double mouvement en sens contraire qui a fait dire qu'elle circulait, qu'elle avait une sorte de circulation analogue à celle du sang chez les animaux.

Cette descente s'opère par les couches les plus intérieures de l'écorce, celles qui se trouvent le plus immédiatement appliquées sur le bois, qui en font même déjà partie, et dans lesquelles paraissent résider plus particulièrement les vaisseaux que nous avons déjà signalés comme spéciaux aux sucs propres.

C. *Transpiration.* — Les plantes sont soumises à une transpiration qui varie beaucoup suivant les espèces et suivant les saisons, qui peut être très-considérable et qui a lieu principalement par les feuilles (1).

Dans ces organes, essentiellement propres à favoriser cette transpiration , par leur exposition à l'air, au soleil, au vent et par les pores dont ils sont criblés, la sève ascendante change d'état. En perdant son eau surabondante, elle perd aussi sa fluidité première; elle épaissit, elle donne lieu à des sucs particuliers que nous avons déjà nommés sucs-propres; elle forme ce que l'on appelle le *cambium*, matière visqueuse qui est distribuée dans la plante , principalement entre l'écorce et le bois, pour la nourrir, assurer son accroissement, réparer ses pertes, etc.; pour former ses produits, dits produits immédiats des végétaux, parce que ceux-ci les livrent tous formés et que nous n'avons qu'à les extraire : sucre, fécule, teintures diverses, etc.

D. *Sécrétion* — Par ce mot on désigne la propriété qu'a le végétal, de rejeter lui-même au dehors, des matières qui paraissent ne lui plus être nécessaires.

C'est ainsi que les odeurs sont considérées comme des sécrétions volatiles.

______

(1) Lorsqu'après une chaude journée d'été , on pénètre le soir dans un bois, le sentiment de fraîcheur , de froid même, dont on est saisi tout-à-coup est la conséquence de la transpiration qu'exercent alors les feuilles des arbres.

C'est ainsi également que l'on attribue aux végétaux des sécrétions excrémentielles, analogues à celles des animaux et qui seraient expulsées par les racines.

Certains physiologistes ont cru voir dans ce dernier phénomène, dont la démonstration n'est pas encore complète, l'explication de la nécessité où se trouve la culture de changer les produits d'une même terre, d'alterner les plantes cultivées.

Nul animal ne pouvant se nourrir des excréments de sa propre espèce; nul végétal non plus ne peut, on le sait, immédiatement réussir dans une terre que vient d'occuper un végétal de la même espèce, ou encore de la même famille naturelle et où se sont accumulées leurs sécrétions excrémentielles.

ARTICLE 3.

RÉSUMÉ DE LA VIE DES PLANTES ET APPLICATIONS DIVERSES AU SUJET DES PHÉNOMÈNES QUI PRÉCÈDENT.

En résumé, les racines puisent dans la terre, dissoutes dans l'eau, les substances qui peuvent nourrir les plantes et qu'elles font pénétrer dans son intérieur sous forme de sève : c'est l'*absorption*.

Ces substances montent dans le végétal, en vertu de forces et par les vaisseaux dont nous avons déjà parlé : c'est l'*ascension de la sève*.

Parvenues aux feuilles, ces mêmes substances y perdent, par la transpiration dont ces organes sont particulièrement le siége, la surabondance du liquide dans lequel elles étaient dissoutes et qui leur a servi de véhicule.

Devenues plus denses par cette transpiration, soumises aux forces vitales de la plante, elles forment les produits divers dont nous avons parlé : sucs propres, cambium, produits immédiats, telles sont en dernier lieu les conséquences de la *transpiration*.

Enfin, c'est par un quatrième phénomène de la vie des plantes que sont rejetés au dehors certains autres de leurs produits, et peut-être ceux que l'on pourrait considérer comme la matière excrémentielle de cette classe d'êtres : par la *secrétion*.

Ce résumé de la vie des plantes ne serait pas complet, si nous ne disions aussi quelque chose d'un autre phénomène qui y concourt d'une manière bien active et qui a son siége principalement dans les feuilles. Nous voulons parler de l'absorption, par ces organes, de l'acide carbonique répandu dans l'air, et par des causes telles que la respiration des animaux, la combustion, la décomposition des matières organiques et dans lequel, sans cela, il deviendrait un poison pour tous les êtres qui respirent.

Les plantes, pour lesquelles le carbone est le principal élément constitutif, absorbent par leurs feuilles ce gaz dans certaines conditions et sous certaines influences ; elles le décomposent, retiennent le carbone et restituent à l'air, toujours par leurs feuilles, l'oxigène, indispensable à l'existence des animaux et toujours plus abondant et plus pur, là où la végétation est elle-même abondante et vigoureuse.

Ainsi, on peut dire, sauf peut-être la trivialité de ces expressions, que les plantes *mangent à deux rateliers* : dans la terre et dans l'air; et, quant à l'importance de ce dernier phénomène, écoutons ce qu'en dit le célèbre chimiste, M. J. Liébig :

« C'est dans un but aussi sublime que sage que la vie des plantes et celle des animaux se trouvent intimement liées l'une à l'autre, par des moyens d'une simplicité admirable. On peut se figurer une végétation riche et abondante, se développant sans le concours de la vie animale ; mais l'existence des animaux n'est pas aussi indépendante; elle tient, au contraire, essentiellement à la présence et à l'accroissement des plantes (1). Celles-ci fournis-

____

(1) On voit effectivement, par le récit de la *Genèse*, que la création des plantes devança celle des animaux.

sent non-seulement à l'économie animale ses moyens de nutrition et de reproduction ; non-seulement elles éloignent de l'atmosphère les principes insalubres qui pourraient mettre en péril la vie des animaux ; mais aussi ce sont elles seules qui élaborent les aliments nécessaires à la première fonction vitale, à la respiration. Les plantes sont une source intarissable de l'oxigène le plus pur ; elles réparent incessamment les pertes que l'acte respiratoire et les phénomènes de combustion font éprouver à l'atmosphère.

» Le résumé de ces faits est que les animaux expirent du carbone et que les végétaux l'aspirent ; ainsi, le milieu dans lequel le phénomène s'accomplit, l'air, ne peut changer de composition (1). »

C'est sur les phénomènes en général que nous venons d'exposer, un peu trop rapidement sans doute, que reposent plusieurs procédés de la pratique agricole et horticole d'une très-haute importance.

En premier lieu, celui qui permet d'extraire du pin les précieux produits résineux dont il est la source ; ce que dans la Lande on désigne par les expressions de *gème* et de *gémage*.

En second lieu, ceux qui rendent possible la

______

(1) *Chimie organique appliquée à la physiologie végétale et à l'agriculture,* p. 22.

reproduction de certaines plantes cultivées autrement que par la graine, comme le marcottage ou provignage, le bouturage, la greffe.

En troisième lieu enfin, ceux qui permettent d'agir sur le cours de la sève, dans l'intérêt de la quantité et de la qualité du fruit : comme la taille, l'incision annulaire, l'arqure des branches, la flagellation, etc.

A.

Gémage des pins.

Tout ce que nous venons de dire, dans l'article précédent, sur les deux mouvements de la sève ascendante ; tout ce que nous avions dit déjà sur la disposition et la situation des vaisseaux employés pour cela, suffira pour nous faire comprendre comment, dans le pin soumis à la méthode du *gémage*, se produisent ces phénomènes ; comment le suc propre de cet arbre que l'on nomme résine et vulgairement *gème*, peut être recueilli par les procédés les plus simples.

« La sève est absorbée dans le sein de la terre par les racines qui semblent, à en juger par les résultats, munies de suçoirs mobiles très-puissants; elle circule dans toutes les parties de l'arbre, mais c'est plus particulièrement par l'aubier qu'elle s'élève et qu'elle se distribue à droite et à gauche

pour pénétrer dans les branches ; ce n'est que lorsqu'elle est arrivée aux feuilles que sa nature change
et qu'elle acquiert de nouvelles qualités. Enfin,
elle prend une marche opposée et descend des
feuilles vers les racines en passant surtout par les
parties les plus voisines de l'écorce (1). »

Ainsi, pour obtenir la gème il suffit, dès qu'un
pin est assez âgé pour cela (30 ans en moyenne);
dès que les chaleurs du printemps ont commencé à
mettre sa sève en mouvement, de faire, à sa tige,
une entaille de bas en haut, d'abord de quelques
centimètres seulement de hauteur (une *carre*), de
la rafraîchir de temps en temps , en l'élevant; de
faire cette entaille de manière à ouvrir les vaisseaux des couches les plus extérieures du bois,
qui sont ceux de la sève descendante, tout en res-
pectant ceux des couches qui viennent immédiatement après et sont ceux de la sève ascendante. Sans
entrer ici dans plus de détails, ni sur la manière de
procéder, ni sur les outils employés, on comprend
que la perfection du résultat à obtenir, consiste dans
la légèreté, la netteté de l'entaille et surtout dans
la moindre profondeur de la plaie faite (2).

---

(1) M. Hector Serres : *Instruction pratique sur la culture
du pin et l'extraction des matières résineuses.* Annuaire de
la Société Linnéenne de Bordeaux, 1857.

(2) Depuis plusieurs années et nous nous réjouissons d'en

Au surplus, ce sont les mêmes phénomènes de physiologie végétale, aidés par des moyens analogues, qui procurent, à l'Amérique septentrionale, le sucre de l'érable dit *érable à sucre* (*Acer Saccharium*) et, au Sénégal, la gomme que lui fournissent trois espèces d'acacia principalement (*Acacia nilotica, A. arabica, A. Senegalensis.*) La gomme dite *gomme du pays* et que l'on peut obtenir d'arbres tels que les cerisiers, les pruniers, les abricotiers, est aussi le suc propre que ces arbres expulsent dans certaines circonstances.

B.

Reproduction artificielle des plantes.

La reproduction des plantes, autrement que par les voies naturelles, la graine et les semis, est pour l'horticulture et pour l'agriculture un avantage capital. De la sorte, il leur est possible :

1° De perpétuer sûrement les espèces ou variétés déjà acquises et qui doivent être préférées ;

2° D'obtenir, dans des délais beaucoup plus

---

avoir été l'initiateur, le Comice agricole de l'arrondissement de Bazas, ouvre, au mois de mai, un concours public et solennel pour le *gémage* du pin. Cette institution a eu, dans la partie landaise de l'arrondissement, les plus heureux résultats.

courts et des sujets ainsi reproduits, les fruits et autres qu'ils doivent donner.

Ainsi, pour les arbres fruitiers, pour la vigne par exemple : reproduits par semis, ils ne donneraient que des variétés incertaines et se rapprochant de plus en plus du type sauvage. En outre, ils seraient beaucoup plus longs à se mettre à fruit, à fournir les produits qu'on doit en attendre.

Il y a donc intérêt, dans ces circonstances, à substituer au semis qui est le moyen naturel, des pratiques telles que le marcottage, le bouturage, la greffe.

A. *Le marcottage.* — Toutes les fois qu'une portion d'un végétal destinée à vivre dans l'air, se trouve contenir un dépôt de suc nourricier dépassant, par son abondance, la quantité de cette matière qu'offrent les autres portions de ce même végétal ; toutes les fois que ce dépôt est mis en contact immédiat avec l'humidité de la terre, du point où il se trouve, des racines tendent à pousser;

Ce phénomène qui a lieu naturellement chez quelques végétaux, tels que le chiendent, la ronce, le fraisier, etc., a pu être imité par l'industrie de l'homme, sous le nom de *marcottage* ou de *provignage.*

Ainsi, que ce soit la nature ou l'art qui agissent en cette circonstance, deux conditions sont indispensables pour le succès de l'opération :

1º Accumulation du suc nourricier, du cambium, sur la portion du végétal d'où l'on veut faire sortir des racines ;

2º Placement de cette portion du végétal dans un milieu propre à déterminer la production de ces racines, dans la terre.

On sait combien l'emploi du provignage offre des facilités à la culture de la vigne, particulièrement pour le remplacement des pieds qui viennent à manquer dans une plantation. La vigne d'ailleurs, à cause de la nature spongieuse de son bois et, surtout, de la multiplicité de ses nœuds où s'accumule le cambium, se prête d'une manière toute particulière à cette opération que nous n'avons pas à décrire ici d'une manière pratique. Nous dirons seulement qu'elle est fort ancienne ; Virgile la mentionne :

> Celui-ci courbe en arc la branche obéissante,
> Et dans le sol natal l'ensevelit vivante.

B. Le bouturage. — Il arrive pour plusieurs végétaux, pour tous si l'on sait favoriser cette tendance, qu'en plaçant en terre une de leurs branches entières, ou une simple portion, on la contraint à pousser des racines.

Toutefois, ce sont encore des conditions analogues à celles qui viennent d'être exposées pour le marcottage, qui font que les différentes espèces se prêtent plus ou moins à la reproduction par boutures. Ainsi, l'état plus ou moins spongieux du bois, l'abondance de la moelle, l'existence des nœuds, etc.

Mentionnons aussi l'existence d'un certain nombre d'yeux, c'est-à-dire de ce qui est le premier état des boutons; de ce qui produirait des pousses hors la terre; de ce qui donnera des racines dans l'intérieur de celle-ci, par le concours de l'obscurité, de l'humidité, de la chaleur.

Dans le phénomène curieux auquel donne lieu le bouturage, il n'y a rien de contraire au fond aux lois naturelles qui régissent la végétation en général.

Sur l'arbre, la branche est nourrie indirectement par la terre et au moyen des sucs qu'y puisent les racines de l'individu auquel elle appartient.

C'est encore cette même terre qui fournit à son existence, lorsque, à l'état de bouture, elle puise de plus en plus directement dans ce milieu et à mesure que se produisent, se multiplient et grandissent ses racines.

La condition capitale de succès, en cette occasion, c'est que ces racines puissent se montrer et se fortifier suffisamment avant que la portion extérieure de la bouture n'ait eu le temps d'être desséchée par le grand air et par le soleil.

D'où le soin que l'on doit prendre de faire les

boutures en saisons relativement humides, printemps, automne.

De ne pas leur laisser un trop grand développement à l'extérieur, ni des feuilles en trop grand nombre.

De les abriter, si c'est possible, contre l'action du soleil et aussi de les arroser : toutes précautions, il est vrai, qui ne sont guère faciles en grande culture et qui expliquent pourquoi celle-ci n'use de ce moyen de multiplication que pour les plantes que la nature y a plus particulièrement disposées par leur organisation physiologique, surtout pour la vigne.

« Quelques temps après qu'elle a été détachée, dit un habile physiologiste, la branche est encore pleine de vie. Que sa base alors soit plongée dans un terrain couvenable, elle attirera l'humidité du sol qui, s'élaborant dans l'intérieur du végétal, développera les tissus organiques. De là une croissance plus ou moins sensible dans toutes ses parties et la reproduction de la racine. » (DE MIRBEL.)

C. *La greffe.* — « La greffe, dit le célèbre Thouin, est une partie végétale, vivante qui, unie à une autre, ou insérée dedans, s'identifie avec elle et y croît comme sur son pied naturel, lorsque l'analogie entre les individus est suffisante. »

Encore plus hardie que celles du marcottage et du bouturage, l'opération de la greffe, à cause de ses fécondes applications et de ses précieux résultats, serait tout-à-fait digne, ainsi que l'a écrit l'abbé Rozier, de mériter à son inventeur, s'il était connu, le titre de bienfaiteur de l'humanité. Quels avantages en effet de pouvoir, par ce moyen et tout à la fois, fixer de la manière la plus solide les espèces ou variétés végétales obtenues ; les imposer à d'autres, quels que soient d'ailleurs leur âge et dispositions diverses ; leur garantir, au profit du développement des formes et des qualités qu'elles peuvent atteindre, la force de ces dernières ; enfin, dans les plus grandes proportions, hâter le moment de la perfection et de la régularité de leurs produits !

Tous ces avantages, il est bien remarquable aussi que les anciens, les Phéniciens, les Carthaginois, les Grecs, les Romains les connaissaient comme nous et savaient en user. Selon Lucrèce, c'était la nature qui avait révélé aux hommes l'art de la greffe, par des exemples, il est vrai, dus au hasard, mais tout-à-fait propres néanmoins à les initier dans cette voie féconde. Ainsi guidés, ajoutait-il, dans la fente d'un jeune arbre, on inséra une branche étrangère qui se nourrit sur le tronc adoptif (1).

____

(1) *De la nature des choses*, Liv. V. — On peut voir aussi avec quelle précision Virgile (*Géorgiques*, ch. 2), dé-

La plante sur laquelle se fait l'opération de la greffe prend le nom de *sujet*, et l'on appelle greffe en général, écusson, ente quelquefois, la portion d'un autre sujet que de la sorte on confie au premier.

Pour le succès de la greffe, il est un certain nombre de conditions, dont voici les principales :

1° L'existence d'une analogie anatomique et physiologique entre le sujet et la greffe, telle qu'il s'en rencontre entre des plantes de la même famille naturelle, de même genre et plus sûrement de même espèce ;

2° Le placement de la greffe sur une partie du sujet où la sève étant plus élaborée qu'ailleurs, a également plus de tendance à s'organiser.

3° Une coïncidence, lors de ce placement, aussi complète que possible, entre les vaisseaux séveux du sujet et ceux de la greffe ;

4° Le choix de la saison et même du temps où la sève a le plus de propension à s'organiser, selon la nature des sujets : d'où la différence que l'on fait, entre les greffes pratiquées au printemps, poussant immédiatement et dites pour cela *greffes à œil*

---

crit les pratiques de la greffe et signale les merveilleux effets de cet art :

> Bientôt ce tronc s'élève en arbre vigoureux,
> Et se couvrant de fruits d'une race étrangère,
> Admire ces enfants dont il n'est pas le père.

poussant ; et celles pratiquées à la fin de l'été, dormant en quelque sorte l'automne et l'hiver pour ne se réveiller qu'au printemps, et dites pour cela *greffes à œil dormant.*

Comme applications de ces principes généraux, on cite un très-grand nombre de greffes ou de manières de greffer. Duhamel en avait fait une classification et les avait réparties en cinq sections. Plus tard, Thouin réduisit ces sections à trois seulement, comprenant :

1º *Les greffes en approches*, ou greffes résultant du contact prolongé de parties de végétaux tenant encore à des pieds enracinés.

Celles-là, on le comprend, sont celles dont la nature a pu directement fournir des exemples ; car on les rencontre assez fréquemment dans les bois, dans les haies, etc.

2º *Les greffes par scions*, ou pratiquées par des parties ligneuses séparées d'un individu et transportées sur un autre.

3º *Les greffes par gemmes*, pratiquées au moyen de gemmes ou yeux, levés, avec la portion d'écorce qui les environne, sur un végétal et posés sur un autre.

Comme cette portion d'écorce munie d'un gemme ou rudiment d'un bouton est nommée écusson, de là est venue l'expression *écussonner*, pour la pratique de ces sortes de greffes, d'ailleurs les plus généralement employées.

Au surplus, la possibilité, le succès de toutes ces pratiques s'explique par les deux faits suivants, que nous avions déjà signalés :

1° La simplicité de l'organisation végétale ;

2° L'uniformité de cette même organisation.

L'organisation des plantes effectivement, comparée à l'organisation des animaux, est d'une grande simplicité. De la sorte, il peut être possible de tenter, sur cette premère classe d'êtres, ce que ne saurait comporter celle des animaux : beaucoup plus compliquée, beaucoup plus exigeante.

L'uniformité de cette organisation est encore un fait facile à vérifier. Quelle que soit la partie d'une plante que l'on puisse examiner, racine, tige, branche, etc , sa constitution fondamentale est toujours foncièrement la même, aussi bien dans l'ensemble de ses organes que dans leurs portions les plus réduites. Ce sont toujours les tissus divers dont nous avons parlé.

Bien différents sous ce rapport, l'animal à des organes parfaitement distincts, cerveau, cœur, poumons, répartis dans les différentes dépendances de son corps , ce qui fait qu'on ne peut diviser ce corps sans lui nuire ; dans bien des cas, sans le frapper de mort. Ce qui fait aussi que le morceau détaché ne saurait reproduire le tout : ne représentant pas lui-même l'organisation complète, mais seulement une de ses divisions plus ou moins importante.

Pour le végétal au contraire, il suffit de placer dans la terre où se développent les racines, soit une portion d'une branche encore attachée au tronc, soit celle d'une branche complètement détachée de ce même tronc, pour que le régime de ce milieu leur fasse pousser des racines et rende ainsi possible l'existence isolée d'un nouvel individu (1). Il suffit également, toujours pour le végétal, de transporter le fragment d'un sujet sur un autre sujet, pour associer le premier à la vie du second et ajouter de nouvelles et précieuses qualités aux fruits que donnait ce dernier.

Nous citerons, en terminant ces détails, sur la reproduction des plantes par des moyens artificiels, le curieux récit que voici, extrait du *Manuel de physiologie végétale*, de M. Boitard :

« Au mois de juin 1825, en passant devant l'étalage d'une bouquetière, j'aperçus une rose que je crus être une variété nouvelle; j'achetai le bouquet dans lequel

---

(1) Il y aurait ici une importante observation à faire, les botanistes et physiologistes en général voyant dans les sujets obtenus par ces procédés artificiels, non des individus nouveaux, comme ceux qui sortent des graines, mais de simples continuateurs seulement de la vie des sujets desquels on les a tirés. Cette opinion a souvent été émise dans les discussions relatives aux maladies de la vigne surtout, dont la reproduction, on le sait, se fait toujours par des moyens artificiels : provins, boutures, greffes même.

elle était mêlée à d'autres fleurs, et je m'informai en vain à la marchande pour savoir de quel jardin elle sortait : la bouquetière ne put me le dire. Je portai cette rose chez M. Noisette, qui pensa comme moi qu'elle était nouvelle. Il ne nous restait plus qu'à tenter quelque moyen pour obtenir, d'une de ses parties, le développement d'un individu de son espèce; mais la chose ne paraissait pas facile, car nous vîmes, en déliant le bouquet, qu'on ne lui avait laissé que quinze lignes de pédoncule, à partir de l'ovaire. Néanmoins, nous ne désespérâmes pas du succès, et nous commençâmes cette expérience que j'ai suivie très-exactement. On coupa net ce pédoncule à trois lignes au-dessous de l'ovaire, on tailla la base en lame de couteau, et on la greffa sur un pied de rosier, à deux pouces de terre ; on plaça le pot dans lequel était le sujet dans la tanée (1) d'une couche chaude, et l'on recouvrit le tout d'une cloche de verre dépoli, afin d'obstruer la lumière. Il est à remarquer qu'il n'existait pas sur le pédoncule la moindre apparence de gemme. Quatre ou cinq jours après, nous aperçûmes au sommet de la greffe, sur l'aire de la coupe, des gouttelettes de cambium suintant entre le bois et le liber, et formant comme un chapelet circulaire autour de la plaie. En

____

(1) On nomme ainsi des conches ou assises faites avec le tan qui a servi aux tanneurs et dans lesquelles se produit une chaleur favorable à la germination des graines , etc.

très-peu de temps, ces gouttelettes s'épaissirent, devinrent d'un blanc opaque, de limpides qu'elles étaient, et se couvrirent d'une légère pubescence, visible seulement à la loupe. Les jours suivants, deux gouttelettes opposées sur la coupe, s'élevèrent en petits cônes, et les autres, au contraire, s'affaissèrent et commencèrent à s'étendre d'un côté sur la couche corticale, de l'autre sur le bois. Du blanc, elles avaient passé au roussâtre. Les deux petits cônes se gonflèrent dans le milieu de leur longueur ; leur substance devint ferme, leur superficie écailleuse, et nous pûmes bientôt après les reconnaître pour de véritables gemmes. En effet, on commença à rendre à la greffe de l'air et de la lumière ; les gemmes se développèrent, fournirent une végétation vigoureuse, sur laquelle on prit d'autres greffes, et M. Noisette put, un an après, livrer au commerce plus de vingt rosiers sortant tous de ce pédoncule... »

C.

Modifications et directions utiles de la sève.

Sur les modifications que l'homme peut faire subir à la sève des végétaux, par rapport à son équilibre et à sa direction, sont basées plusieurs autres opérations capitales de la culture : taille, incision annulaire, arqure, etc.

A. *La taille* des végétaux en général que l'on

traite de cette manière, tant en agriculture proprement dite, qu'en horticulture, est encore une des opérations les plus hardies que l'industrie de l'homme ait osé entreprendre sur ces mêmes végétaux : c'est la principale, la plus importante, au dire de Théophraste.

Dans l'état de nature, on constate, chez l'individu végétal, une harmonie telle, que la sève dont il dispose, se trouve répartie sur chacun de ses organes distincts, de manière à assurer à tous l'existence et le degré de développement qu'ils doivent atteindre.

Dans l'état de culture, les choses ne sont plus les mêmes. Ici, effectivement, le but capital, c'est de garantir le bénéfice de cette sève, autant que possible, aux organes et aux produits pour lesquels un végétal est cultivé.

Ainsi, dans la vigne, plante que l'on taille tous les ans et qui ne saurait se passer de ce secours, c'est sur le fruit uniquement, sur le raisin, qu'il s'agit de diriger la sève, au double but du volume et de la qualité de ce dernier.

Les sarments, les feuilles qui ne sauraient concourir à ce résultat doivent être retranchés.

Il y a plus encore : dans ce développement exclusif du fruit ne doit pas être comprise une de ses dépendances : celle que se propose et que poursuit principalement la nature, uniquement préoccupée de la conservation et de la perpétuation, aussi bien des espèces végétales que des espèces animales ; celle que nous nommons les pepins, ou la graine de la vigne.

Sans nous occuper non plus ici des conditions pratiques de la taille : époque, outils à employer, manières de procéder, etc., selon les espèces végétales, résumons dans un petit nombre de principes la théorie de cette opération (1) :

« 1° Un sujet dont on coupera, soit tout ou partie de la tige, soit tout ou partie des branches, fera de vigoureux efforts pour réparer ces pertes. »

La cause de ces efforts se trouve dans la nécessité, pour le sujet, de rétablir l'harmonie qui existait entre les branches coupées et les racines qui nourrissaient ces branches.

Or, il y a profit pour l'art, à garantir le bénéfice de ces efforts, en totalité ou en partie, selon les cas, aux branches qui donneront du fruit. Voilà pourquoi on retranche celles qui, directement ou indirectement, ne donneraient rien ou n'assureraient rien pour l'avenir;

Pourquoi, en matière de taille de vigne, on ne aisse à chaque sujet qu'un petit nombre de sar-

---

(1) Ces principes, au nombre de trois seulement, ont été formulés par un des grands agronomes du siècle dernier, L. A. G. Bosc, collaborateur et continuateur du grand ouvrage de l'abbé Rozier : *Cours complet d'agriculture.*

ments, convenablement choisis, alors que, livré à lui-même, il en donnerait beaucoup plus.

» 2° De deux branches voisines et égales du même sujet, si l'on en coupe une, l'autre profitera de la sève qui l'alimentait : elle deviendra plus grosse ainsi que ses fruits. »

C'est ce dernier fait que confirment les raisins de la vigne sauvage, si nombreux et si petits ; tandis que dans la vigne cultivée et taillée, le nombre de ces raisins est moindre, mais leur volume et leur qualité bien supérieurs.

» 3° Si, au lieu de l'amputation complète de la branche, on se borne seulement à retrancher une portion quelconque de cette même branche, les fruits qui viendront sur la portion conservée seront plus assurés, plus gros et de meilleure qualité. »

Ce résultat s'explique par les mêmes raisons que le précédent et les motifs qui portent dans la taille, à retrancher des branches entières conduisent aussi, dans une infinité de cas, à retrancher une portion quelconque des branches conservées.

Ainsi, pour la vigne, le sarment conservé n'est jamais laissé dans toute sa longueur. S'il arrive même que cette longueur doive être ménagée pour faciliter l'attache du sarment aux échalas, comme dans ce qu'on nomme les *astes*, alors et cela revient au même, on retranche tous les boutons qui auraient été enlevés, afin de les empêcher de pousser, on les *éborgne*.

Nous parlions ci-dessus de l'harmonie que la nature donne aux plantes uniquement soumises à ses lois, aux plantes non cultivées. Cette harmonie n'est pas la seule et la culture, l'art de la culture, a aussi la sienne. Celle-ci diffère de l'autre sous le rapport du but et par les modifications qui sont imposés à un sujet, en vue d'un produit auquel la nature, dans la plupart des cas, ne saurait attacher la même importance.

Mais quand l'art a réussi dans son entreprise ; quand le sujet taillé répond complètement à ses vues ; quand son produit est assuré ; quand ce dernier réunit les propriétés de nombre, de volume, de qualité qu'il était possible d'attendre : chez ce sujet existe aussi une harmonie, une harmonie qui plaît à l'œil, qui satisfait par son succès, par son utilité, par son profit : l'harmonie de l'art.

B. *L'incision annulaire* est une opération dont les conséquence sont également d'agir sur la sève au profit du fruit. Elle consiste dans l'enlèvement d'un anneau d'écorce de quelques millimètres de largeur, immédiatement au-dessous du fruit, afin de retenir sur ce point et au bénéfice de ce même fruit une quantité plus considérable de sève élaborée que celle qu'il aurait pu obtenir dans la répartition générale de ce suc nourricier.

On a vu effectivement que la sève s'élabore dans les feuilles et que, après cette élaboration, elle descend par les canaux de l'écorce pour se porter sur les différents points qui ont besoin de cet aliment et principalement sur le fruit.

Appliquée à la vigne par exemple, elle donne au sarment, opéré en A, l'aspect de la Fig. 16.

Elle a pour résultat également, au dire de ceux qui l'ont préconisée :

1° D'accélérer la maturation du raisin ;

2° De produire des grappes plus volumineuses, des grains plus nombreux et plus gros ;

3° De prévenir la coulure de ces grains.

Malgré tout cela, et bien que fort ancienne, l'incision annulaire, aussi bien pour la vigne que pour les arbres fruitiers en général, est restée une sorte de curiosité horticole et n'est jamais passée dans le domaine de la pratique.

En ce qui touche à la vigne en particulier, on lui a reproché notamment de nuire au bois sur lequel doit se faire la taille des années suivantes.

C. *L'Arqure des branches*. Tel est encore un autre moyen de mettre obstacle à la descente trop facile de la sève élaborée; de la retenir, toujours au profit du fruit. Tous les jours, nous en voyons l'application en grand dans le mode de taille de vigne qui consiste à ménager des *astes*, que l'on ploie, que l'on courbe, que l'on soumet à l'arqure plus ou moins prononcée, en les attachant à l'échalas.

Il est évident que, disposé de la sorte, le sarment

doit retenir plus facilement la sève descendante, puisque, en réalité et de A en B, Fig. 17, il la contraint d'abord à remonter pour accomplir son mouvement descendant, qui ne peut être tel qu'à partir de B.

Dans les îles Canaries, les hommes qui cultivent les citronniers attachent à leurs principales branches des pierres fort lourdes, qui forcent ces branches à se courber et qui les mettent à fruit.

D. *La flagellation*. On a encore essayé, toujours par le motif de créer des obstacles à la sève descendante, de frapper les branches de certains arbres fruitiers, tels que les oliviers surtout, de les meurtrir et de retenir ainsi cette sève au-dessus des fruits et à leur portée.

Toutefois, ce moyen, qui peut aussi, comme les précédents, trouver son explication dans les lois de la physiologie végétale, a été généralement condamné, à cause des accidents nombreux auxquels il expose le sujet ainsi traité : accidents que ne sauraient toujours compenser les avantages qu'il semble promettre.

Nous arrêtons ici ce petit traité, bien qu'il eût été utile peut-être d'y joindre encore quelques mots sur la classification des plantes, tant sauvages que cultivées. Mais, ce dernier sujet trouvera mieux sa place, s'il y a lieu, dans un autre ouvrage du même genre que nous désirons aussi publier.

Pour le moment, nous serions heureux, si nous avions pu démontrer que rien n'est arbitraire dans la culture et que les soins à donner aux plantes doivent avoir pour motifs et pour règles la nature et les besoins divers de cette grande classe d'êtres ?

AVIS. — La planche devra être placée entre le feuillet 92 et le feuillet 93.

TABLE

—

Bordeaux. — Imp. de P. Degréteau et Cie.